U0395755

页岩气
钻完井
技术

"十三五"国家重点图书

中国能源新战略——页岩气出版工程

国家出版基金项目
NATIONAL PUBLICATION FOUNDATION

编著：刘 猛

华东理工大学出版社
EAST CHINA UNIVERSITY OF SCIENCE AND TECHNOLOGY PRESS
·上海·

上海高校服务国家重大战略出版工程资助项目

图书在版编目(CIP)数据

页岩气钻完井技术/刘猛编著. —上海：华东理
工大学出版社,2016.12
　(中国能源新战略：页岩气出版工程)
　ISBN 978-7-5628-4501-0

　Ⅰ.①页… Ⅱ.①刘… Ⅲ.①油页岩-油气钻井-完
井 Ⅳ.①TE257

中国版本图书馆 CIP 数据核字(2016)第 319794 号

内容提要

　　本书主要介绍了页岩气开发过程的钻完井技术。全书共分 13 章,第 1 章介绍了页岩气藏钻井技术特点及关键技术,第 2 章为页岩气井钻井设计,第 3 章介绍钻头与钻具组合,第 4 章为欠平衡压力钻井,第 5 章介绍优快钻井技术,第 6 章为井壁稳定性与控制技术,第 7 章介绍钻井液与储层保护,第 8 章介绍井眼轨迹测量与控制,第 9 章为水平井降摩减阻工艺和工具,第 10 章为固井与完井,第 11 章介绍钻井井控技术,第 12 章为弃井工艺和技术,第 13 章介绍页岩气开发的降本增效。

　　本书可为从事页岩气开发研究的学者提供借鉴和理论依据,也可供高校相关专业的师生参考学习。

项目统筹 / 周永斌　马夫娇

责任编辑 / 马夫娇

书籍设计 / 刘晓翔工作室

出版发行 / 华东理工大学出版社有限公司
　　　　　　地　　址：上海市梅陇路 130 号,200237
　　　　　　电　　话：021-64250306
　　　　　　网　　址：www.ecustpress.cn
　　　　　　邮　　箱：zongbianban@ecustpress.cn

印　　刷 / 上海雅昌艺术印刷有限公司

开　　本 / 710 mm×1000 mm　1/16

印　　张 / 18.75

字　　数 / 299 千字

版　　次 / 2016 年 12 月第 1 版

印　　次 / 2016 年 12 月第 1 次

定　　价 / 98.00 元

版权所有　侵权必究

《中国能源新战略——页岩气出版工程》
编辑委员会

顾问　　　赵鹏大　中国科学院院士

　　　　　戴金星　中国科学院院士

　　　　　康玉柱　中国工程院院士

　　　　　胡文瑞　中国工程院院士

　　　　　金之钧　中国科学院院士

主编　　　张金川

副主编　　张大伟　董　宁　董本京

委员（按姓氏笔画排序）

　　　　　丁文龙　于立宏　于炳松　包书景　刘　猛　牟伯中

　　　　　李玉喜　李博抒　杨甘生　杨瑞召　余　刚　张大伟

　　　　　张宇生　张金川　陈晓勤　林　珏　赵靖舟　姜文利

　　　　　唐　玄　董　宁　董本京　蒋　恕　蒋廷学　鲁东升

　　　　　魏　斌

总序

一

能源矿产是人类赖以生存和发展的重要物质基础,攸关国计民生和国家安全。推动能源地质勘探和开发利用方式变革,调整优化能源结构,构建安全、稳定、经济、清洁的现代能源产业体系,对于保障我国经济社会可持续发展具有重要的战略意义。中共十八届五中全会提出,"十三五"发展将围绕"创新、协调、绿色、开放、共享的发展理念"展开,要"推动低碳循环发展,建设清洁低碳、安全高效的现代能源体系",这为我国能源产业发展指明了方向。

在当前能源生产和消费结构亟须调整的形势下,中国未来的能源需求缺口日益凸显。清洁、高效的能源将是石油产业发展的重点,而页岩气就是中国能源新战略的重要组成部分。页岩气属于非传统(非常规)地质矿产资源,具有明显的致矿地质异常特殊性,也是我国第172种矿产。页岩气成分以甲烷为主,是一种清洁、高效的能源资源和化工原料,主要用于居民燃气、城市供热、发电、汽车燃料等,用途非常广泛。页岩气的规模开采将进一步优化我国能源结构,同时也有望缓解我国油气资源对外依存度较高的被动局面。

页岩气作为国家能源安全的重要组成部分,是一项有望改变我国能源结构、改变我国南方省份缺油少气格局、"绿化"我国环境的重大领域。目前,页岩气的开发利用在世界范围内已经产生了重要影响,在此形势下,由华东理工大学出版社策划的这套页岩气丛书对国内页岩气的发展具有非常重要的意义。该丛书从页岩气地质、地球物理、开发工程、装备与经济技术评价以及政策环境等方面系统阐述了页岩气全产业链理论、方法与技术，并完善了页岩气地质、物探、开发等相关理论，集成了页岩气勘探开发与工程领域相关的先进技术，摸索了中国页岩气勘探开发相关的经济、环境与政策。丛书的出版有助于开拓页岩气产业新领域、探索新技术、寻求新的发展模式，以期对页岩气关键技术的广泛推广、科学技术创新能力的大力提升、学科建设条件的逐渐改进，以及生产实践效果的显著提高等，能产生积极的推动作用，为国家的能源政策制定提供积极的参考和决策依据。

我想，参与本套丛书策划与编写工作的专家、学者们都希望站在国家高度和学术前沿产出时代精品，为页岩气顺利开发与利用营造积极健康的舆论氛围。中国地质大学（北京）是我国最早涉足页岩气领域的学术机构，其中张金川教授是第376次香山科学会议（中国页岩气资源基础及勘探开发基础问题）、页岩气国际学术研讨会等会议的执行主席，他是中国最早开始引进并系统研究我国页岩气的学者，曾任贵州省页岩气勘查与评价和全国页岩气资源评价与有利选区项目技术首席，由他担任丛书主编我认为非常称职，希望该丛书能够成为页岩气出版领域中的标杆。

让我感到欣慰和感激的是，这套丛书的出版得到了国家出版基金的大力支持，我要向参与丛书编写工作的所有同仁和华东理工大学出版社表示感谢，正是有了你们在各自专业领域中的倾情奉献和互相配合，才使得这套高水准的学术专著能够顺利出版问世。

中国科学院院士

2016年5月于北京

总

序

二

　　进入21世纪，世情、国情继续发生深刻变化，世界政治经济形势更加复杂严峻，能源发展呈现新的阶段性特征，我国既面临由能源大国向能源强国转变的难得历史机遇，又面临诸多问题和挑战。从国际上看，二氧化碳排放与全球气候变化、国际金融危机与石油天然气价格波动、地缘政治与局部战争等因素对国际能源形势产生了重要影响，世界能源市场更加复杂多变，不稳定性和不确定性进一步增加。从国内看，虽然国民经济仍在持续中高速发展，但是城乡雾霾污染日趋严重，能源供给和消费结构严重不合理，可持续的长期发展战略与现实经济短期的利益冲突相互交织，能源规划与环境保护互相制约，绿色清洁能源亟待开发，页岩气资源开发和利用有待进一步推进。我国页岩气资源与环境的和谐发展面临重大机遇和挑战。

　　随着社会对清洁能源需求不断扩大，天然气价格不断上涨，人们对页岩气勘探开发技术的认识也在不断加深，从而在国内出现了一股页岩气热潮。为了加快页岩气的开发利用，国家发改委和国家能源局从2009年9月开始，研究制定了鼓励页岩气勘探与开发利用的相关政策。随着科研攻关力度和核心技术突破能力的不断提高，先后发现了以威远-长宁为代表的下古生界海相和以延长为代表的中生界陆相等页岩气田，特别是开发了特大型焦石坝海相页岩气，将我国页岩气工业推送到了一个特殊的历史新阶段。页岩气产业的发展既需要系统的理论认识和配套的方法技术,也需要合理的政策、有效的措施及配套的管理,我国的页岩气技术发展方兴未艾,页岩气资源有待进一步开发。

我很荣幸能在丛书策划之初就加入编委会大家庭,有机会和页岩气领域年轻的学者们共同探讨我国页岩气发展之路。我想,正是有了你们对页岩气理论研究与实践的攻关才有了这套书扎实的科学基础。放眼未来,中国的页岩气发展还有很多政策、科研和开发利用上的困难,但只要大家齐心协力,最终我们必将取得页岩气发展的良好成果,使科技发展的果实惠及千家万户。

这套丛书内容丰富,涉及领域广泛,从产业链角度对页岩气开发与利用的相关理论、技术、政策与环境等方面进行了系统全面、逻辑清晰地阐述,对当今页岩气专业理论、先进技术及管理模式等体系的最新进展进行了全产业链的知识集成。通过对这些内容的全面介绍,可以清晰地透视页岩气技术面貌,把握页岩气的来龙去脉,并展望未来的发展趋势。总之,这套丛书的出版将为我国能源战略提供新的、专业的决策依据与参考,以期推动页岩气产业发展,为我国能源生产与消费改革做出能源人的贡献。

中国页岩气勘探开发地质、地面及工程条件异常复杂,但我想说,打造世纪精品力作是我们的目标,然而在此过程中必定有着多样的困难,但只要我们以专业的科学精神去对待、解决这些问题,最终的美好成果是能够创造出来的,祖国的蓝天白云有我们曾经的努力!

中国工程院院士

2016年5月

总序

三

页岩气属于新型的绿色能源资源，是一种典型的非常规天然气。近年来，页岩气的勘探开发异军突起，已成为全球油气工业中的新亮点，并逐步向全方位的变革演进。我国已将页岩气列为新型能源发展重点，纳入了国家能源发展规划。

页岩气开发的成功与技术成熟，极大地推动了油气工业的技术革命。与其他类型天然气相比，页岩气具有资源分布连片、技术集约程度高、生产周期长等开发特点。页岩气的经济性开发是一个全新的领域，它要求对页岩气地质概念的准确把握、开发工艺技术的恰当应用、开发效果的合理预测与评价。

美国现今比较成熟的页岩气开发技术，是在20世纪80年代初直井泡沫压裂技术的基础上逐步完善而发展起来的，先后经历了从直井到水平井、从泡沫和交联冻胶到清水压裂液、从简单压裂到重复压裂和同步压裂工艺的演进，页岩气的成功开发拉动了美国页岩气产业的快速发展。这其中，完善的基础设施、专业的技术服务、有效的监管体系为页岩气开发提供了重要的支持和保障作用，批量化生产的低成本开发技术是页岩气开发成功的关键。

我国页岩气的资源背景、工程条件、矿权模式、运行机制及市场环境等明显有别于美国，页岩气开发与发展任重道远。我国页岩气资源丰富、类型多样，但开发地质条件复杂，开发理论与技术相对滞后，加之开发区水资源有限、管网稀疏、人口稠密等不利因素,导致中国的页岩气发展不能完全照搬照抄美国的经验、技术、政策及法规,必须探索出一条适合于我国自身特色的页岩气开发技术与发展道路。

华东理工大学出版社策划出版的这套页岩气产业化系列丛书,首次从页岩气地质、地球物理、开发工程、装备与经济技术评价以及政策环境等方面对页岩气相关的理论、方法、技术及原则进行了系统阐述,集成了页岩气勘探开发理论与工程利用相关领域先进的技术系列,完成了页岩气全产业链的系统化理论构建,摸索出了与中国页岩气工业开发利用相关的经济模式以及环境与政策,探讨了中国自己的页岩气发展道路,为中国的页岩气发展指明了方向,是中国页岩气工作者不可多得的工作指南,是相关企业管理层制定页岩气投资决策的依据,也是政府部门制定相关法律法规的重要参考。

我非常荣幸能够成为这套丛书的编委会顾问成员,很高兴为丛书作序。我对华东理工大学出版社的独特创意、精美策划及辛苦工作感到由衷的赞赏和钦佩,对以张金川教授为代表的丛书主编和作者们良好的组织、辛苦的耕耘、无私的奉献表示非常赞赏,对全体工作者的辛勤劳动充满由衷的敬意。

这套丛书的问世,将会对我国的页岩气产业产生重要影响,我愿意向广大读者推荐这套丛书。

中国工程院院士

胡文瑞

2016年5月

总

序

四

绿色低碳是中国能源发展的新战略之一。作为一种重要的清洁能源,天然气在中国一次能源消费中的比重到2020年时将提高到10%以上,页岩气的高效开发是实现这一战略目标的一种重要途径。

页岩气革命发生在美国,并在世界范围内引起了能源大变局和新一轮油价下降。在经过了漫长的偶遇发现(1821—1975年)和艰难探索(1976—2005年)之后,美国的页岩气于2006年进入快速发展期。2005年,美国的页岩气产量还只有1 134亿立方米,仅占美国当年天然气总产量的4.8%;而到了2015年,页岩气在美国天然气年总产量中已接近半壁江山,产量增至4 291亿立方米,年占比达到了46.1%。即使在目前气价持续走低的大背景下,美国页岩气产量仍基本保持稳定。美国页岩气产业的大发展,使美国逐步实现了天然气自给自足,并有向天然气出口国转变的趋势。2015年美国天然气净进口量在总消费量中的占比已降至9.25%,促进了美国经济的复苏、GDP的增长和政府收入的增加,提振了美国传统制造业并吸引其回归美国本土。更重要的是,美国页岩气引发了一场世界能源供给革命,促进了世界其他国家页岩气产业的发展。

中国含气页岩层系多,资源分布广。其中,陆相页岩发育于中、新生界,在中国六大含油气盆地均有分布;海陆过渡相页岩发育于上古生界和中生界,在中国华北、南方和西北广泛分布；海相页岩以下古生界为主，主要分布于扬子和塔里木盆地。中国页岩气勘探开发起步虽晚，但发展速度很快，已成为继美国和加拿大之后世界上第三个实现页岩气商业化开发的国家。这一切都要归功于政府的大力支持、学界的积极参与及业界的坚定信念与投入。经过全面细致的选区优化评价（2005—2009年）和钻探评价（2010—2012年），中国很快实现了涪陵（中国石化）和威远－长宁（中国石油）页岩气突破。2012年，中国石化成功地在涪陵地区发现了中国第一个大型海相气田。此后，涪陵页岩气勘探和产能建设快速推进，目前已提交探明地质储量3 805.98亿立方米，页岩气日产量（截至2016年6月）也达到了1 387万立方米。故大力发展页岩气，不仅有助于实现清洁低碳的能源发展战略，还有助于促进中国的经济发展。

然而，中国页岩气开发也面临着地下地质条件复杂、地表自然条件恶劣、管网等基础设施不完善、开发成本较高等诸多挑战。页岩气开发是一项系统工程，既要有丰富的地质理论为页岩气勘探提供指导，又要有先进配套的工程技术为页岩气开发提供支撑，还要有完善的监管政策为页岩气产业的健康发展提供保障。为了更好地发展中国的页岩气产业，亟须从页岩气地质理论、地球物理勘探技术、工程技术和装备、政策法规及环境保护等诸多方面开展系统的研究和总结，该套页岩气丛书的出版将填补这项空白。

该丛书涉及整个页岩气产业链，介绍了中国页岩气产业的发展现状，分析了未来的发展潜力，集成了勘探开发相关技术，总结了管理模式的创新。相信该套丛书的出版将会为我国页岩气产业链的快速成熟和健康发展带来积极的推动作用。

中国科学院院士

2016年5月

丛书前言

社会经济的不断增长提高了对能源需求的依赖程度，城市人口的增加提高了对清洁能源的需求，全球资源产业链重心后移导致了能源类型需求的转移，不合理的能源资源结构对环境和气候产生了严重的影响。页岩气是一种特殊的非常规天然气资源，她延伸了传统的油气地质与成藏理论，新的理念与逻辑改变了我们对油气赋存地质条件和富集规律的认识。页岩气的到来冲击了传统的油气地质理论、开发工艺技术以及环境与政策相关法规，将我国传统的"东中西"油气分布格局转置于"南中北"背景之下，提供了我国油气能源供给与消费结构改变的理论与物质基础。美国的页岩气革命、加拿大的页岩气开发、我国的页岩气突破，促进了全球能源结构的调整和改变，影响着世界能源生产与消费格局的深刻变化。

第一次看到页岩气（Shale gas）这个词还是在我的博士生时代，是我在图书馆研究深盆气（Deep basin gas）外文文献时的"意外"收获。但从那时起，我就注意上了页岩气，并逐渐为之痴迷。亲身经历了页岩气在中国的启动，充分体会到了页岩气产业发展的迅速，从开始只有为数不多的几个人进行页岩气研究，到现在我们已经有非常多优秀年轻人的拼搏努力，他们分布在页岩气产业链的各个角落并默默地做着他们认为有可能改变中国能源结构的事。

广袤的长江以南地区曾是我国老一辈地质工作者花费了数十年时间进行油

气勘探而"久攻不破"的难点地区，短短几年的页岩气勘探和实践已经使该地区呈现出了"星星之火可以燎原"之势。在油气探矿权空白区，渝页1、岑页1、酉科1、常页1、水页1、柳页1、秭地1、安页1、港地1等一批不同地区、不同层系的探井获得了良好的页岩气发现，特别是在探矿权区域内大型优质页岩气田（彭水、长宁－威远、焦石坝等）的成功开发，极大地提振了油气勘探与发现的勇气和决心。在长江以北，目前也已经在长期存在争议的地区有越来越多的探井揭示了新的含气层系，柳坪177、牟页1、鄂页1、尉参1、郑西页1等探井不断有新的发现和突破，形成了以延长、中牟、温县等为代表的陆相页岩气示范区和海陆过渡相页岩气试验区，打破了油气勘探发现和认识格局。中国近几年的页岩气勘探成就，使我们能够在几十年都不曾有油气发现的区域内再放希望之光，在许多勘探失利或原来不曾预期的地方点燃了燎原之火，在更广阔的地区重新拾起了油气发现的信心，在许多新的领域内带来了原来不曾预期的希望，在许多层系获得了原来不曾想象的意外惊喜，极大地拓展了油气勘探与发现的空间和视野。更重要的是，页岩气理论与技术的发展促进了油气物探技术的进一步完善和成熟，改进了油气开发生产工艺技术，启动了能源经济技术新的环境与政策思考，整体推高了油气工业的技术能力和水平，催生了页岩气产业链的快速发展。

该套页岩气丛书响应了国家《能源发展"十二五"规划》中关于大力开发非常规能源与调整能源消费结构的愿景，及时高效地回应了《大气污染防治行动计划》中对于清洁能源供应的急切需求以及《页岩气发展规划（2011—2015年）》的精神内涵与宏观战略要求，根据《国家应对气候变化规划（2014—2020）》和《能源发展战略行动计划（2014—2020）》的建议意见，充分考虑我国当前油气短缺的能源现状，以面向"十三五"能源健康发展为目标，对页岩气地质、物探、工程、政策等方面进行了系统讨论，试图突出新领域、新理论、新技术、新方法，为解决页岩气领域中所面临的新问题提供参考依据，对页岩气产业链相关理论与技术提供系统参考和基础。

承担国家出版基金项目《中国能源新战略——页岩气出版工程》（入选《"十三五"国家重点图书、音像、电子出版物出版规划》）的组织编写重任，心中不免惶恐，因为这是我第一次做分量如此之重的学术出版。当然，也是我第一次有机会系统地来梳理这些年我们团队所走过的页岩气之路。丛书的出版离不开广大作者的辛勤付出,他们以实际行动表达了对本职工作的热爱、对页岩气产业的追求以及对国家能源行业发展的希冀。特别是,丛书顾问在立意、构架、设计及编撰、出版等环节中也给予了精心指导和大力支持。正是有了众多同行专家的无私帮助和热情鼓励,我们的作者团队才义无反顾地接受了这一充满挑战的历史性艰巨任务。

该套丛书的作者们长期耕耘在教学、科研和生产第一线,他们未雨绸缪、身体力行、不断探索前进,将美国页岩气概念和技术成功引进中国;他们大胆创新实践,对全国范围内页岩气展开了有利区优选、潜力评价、趋势展望;他们尝试先行先试,将页岩气地质理论、开发技术、评价方法、实践原则等形成了完整体系;他们奋力摸索前行,以全国页岩气蓝图勾画、页岩气政策改革探讨、页岩气技术规划促产为己任,全面促进了页岩气产业链的健康发展。

我们的出版人非常关注国家的重大科技战略,他们希望能借用其宣传职能,为读者提供一套页岩气知识大餐,为国家的重大决策奉上可供参考的意见。该套丛书的组织工作任务极其烦琐,出版工作任务也非常繁重,但有华东理工大学出版社领导及其编辑、出版团队前瞻性地策划、周密求是地论证、精心细致地安排、无怨地辛苦奉献,积极有力地推动了全书的进展。

感谢我们的团队,一支非常有责任心并且专业的丛书编写与出版团队。

该套丛书共分为页岩气地质理论与勘探评价、页岩气地球物理勘探方法与技术、页岩气开发工程与技术、页岩气技术经济与环境政策等4卷,每卷又包括了按专业顺序而分的若干册,合计20本。丛书对页岩气产业链相关理论、方法及技术等进行了全面系统地梳理、阐述与讨论。同时,还配备出版了中英文版的页岩气原理与技术视频(电子出版物),丰富了页岩气展示内容。通过这套丛书,我们希望能为页岩气科研与生产人员提供一套完整的专业技术知识体系以促进页岩气理论与实践的进一步发展,为页岩气勘探开发理论研究、生产实践以及教学培训等提供参考资料,为进一步突破页岩气勘探开发及利用中的关键技术瓶颈提供支撑,为国家能源政策提供决策参考,为我国页岩气的大规模高质量开发利用提供助推燃料。

国际页岩气市场格局正在成型,我国页岩气产业正在快速发展,页岩气领域中的科技难题和壁垒正在被逐个攻破,页岩气产业发展方兴未艾,正需要以全新的理论为依据、以先进的技术为支撑、以高素质人才为依托,推动我国页岩气产业健康发展。该套丛书的出版将对我国能源结构的调整、生态环境的改善、美丽中国梦的实现产生积极的推动作用,对人才强国、科技兴国和创新驱动战略的实施具有重大的战略意义。

    不断探索创新是我们的职责,不断完善提高是我们的追求,"路漫漫其修远兮,吾将上下而求索",我们将努力打造出页岩气产业领域内最系统、最全面的精品学术著作系列。

丛书主编

2015年12月于中国地质大学(北京)

前

言

  随着我国国民经济持续高速发展,对能源的刚性需求持续攀升。1993 年我国生产原油总量已远远不能满足市场需求,因而从石油出口国变为石油进口国。此外,我国的能源消费结构很不合理,2013 年煤炭消费占比 67.5% ,石油消费占比 17.8% ,天然气消费占比 5.1% ,其余为核能、水电能、风能等。煤炭消费占比是全世界最高的。作为清洁能源的天然气消费占比与世界平均占比 23.7% 相比,差距巨大,与我国的规划目标 12% 相比也有相当大的距离。

  进入 21 世纪以来,非常规油气勘探开发在全球范围内取得重要突破,以页岩气为代表的非常规油气成为油气发展的重要领域。美国是最早开展页岩气研究和勘探开发的国家。1981 年,美国成功对 Barnett 页岩实施大规模压裂,实现了真正的页岩气突破。2000 年,美国页岩气产量占美国天然气总产量的 2% ,到 2012 年该比例已经上升到了近40% 。

  我国非常规油气资源丰富,加快非常规油气资源的开发利用,对于缓解我国能源压力、提高我国的能源保障能力、改善一次性能源消费结构,具有重要意义。中国南方广大地区海相地层中发育的优质烃源岩是国内页岩气勘探的重要目标,专家初步估计页岩气资源量大约在 30×10^{12} m^3 。

  本书主要从页岩气井钻井设计、钻头与钻具组合、欠平衡压力钻井、井壁稳定性与控制技术、钻井液与储层保护、井眼轨迹测量与控制、水平井降摩减阻工艺和工具、固井与完井、钻井井控技术、弃井工艺和技术、页岩气开发的降本增效等方面，系统介绍页岩气水平井钻完井技术。

本书编写过程中得到了相关单位领导、专家的大力支持和帮助，引用了相关机构和专家的部分数据和资料，董本京专家对本书的章节目录、结构编排、基本素材等方面提供了重要帮助，在此向董本京、申瑞臣、耿东士、程晓年、史怀忠等领导和专家表示衷心的感谢！

由于本书涉及知识面较广，数据较多，编写难度很大，加之作者水平有限，书中不可避免出现疏漏和不足之处，恳请读者批评指正。

2016 年 6 月

目

录

页岩气
钻完井
技术

第 1 章

页岩气藏钻井
技术特点及
关键技术

1.1 页岩气藏的特点

1. 页岩气资源丰富

美国 48 个州广泛分布了含巨量天然气的高有机质页岩。德克萨斯州初步开采的 Barnett 页岩提供了本土 48 个州天然气生产总量的 6%。2000 年美国页岩气产量占美国天然气总产量的 2%,到 2012 年该比例已经上升到了近 40%。四个新的页岩气田(路易斯安那州的 Haynesville,阿肯色州的 Fayetteville,跨越西弗吉尼亚州、宾夕法尼亚州和纽约州的 Marcellus 和俄克拉荷马州的 Woodford)可采气体总量可能超过 15×10^{12} m^3。

对比研究,中国南方广大地区海相地层中发育的优质烃源岩是国内页岩气勘探的重要目标,专家初步估计页岩气资源量大约为 30×10^{12} m^3。

2. 页岩气藏物性差

页岩气储层物性差,低孔低渗,孔隙度为 4% ~ 6%,基质渗透率小于 0.001×10^{-3} μm^2。页岩储层发育较多天然微裂缝,岩石具有一定的脆性,在改造过程中易形成网状裂缝系统。

3. 开发方式对产能影响大

水平井是目前主要的页岩气藏生产形式。水平井的产量是垂直井的 3 ~ 4 倍多,成本仅是直井的 1.5 ~ 2 倍。目前 85% 的开发井为水平井 + 多段压裂。水平井与直井平均产量对比如图 1 - 1 所示。

4. 生产周期长

页岩气产量递减趋势为先快后慢,生产周期较长。一般无自然产能,所有井都要实施压裂改造。

据美国资料统计:40% 的井初期裸眼测试时无天然气;55% 的井初始无阻流量没有工业产能;直井压裂平均产量达 0.8×10^4 m^3/d 左右;水平井压裂平均产量可达 10×10^4 m^3/d 以上,最高达 30×10^4 m^3/d。

因生产周期比较长,应保持合理的生产制度。主要特点如下。

(1)早期以游离气为主,产量较高,递减快(第一年产量降到 65%);

(2)后期以吸附气产出为主,产量相对较低,年递减率 2% ~ 3%,单井日产(2 ~ 3)$\times 10^4$ m^3;

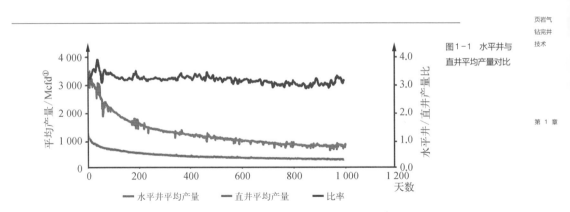

图1-1 水平井与
直井平均产量对比

（3）预测页岩气田开采寿命可达 30 ~ 50 年。

1.2　页岩气钻完井技术现状

　　世界上第一口页岩气井于 1821 年在美国完钻,90 多年以来,页岩气钻井先后经历了直井、单分支水平井、多分支水平井、丛式井、PAD 水平井钻井的发展历程。2002 年以前,直井是美国页岩气开发的主要钻井方式,随着 2002 年 Devon 能源公司 7 口 Barnett 页岩气实验水平井取得巨大成功,水平井已然成为页岩气开发的主要钻井方式。水平井的推广应用大大加速了页岩气的开发进程。页岩气层钻水平井,可以获得更大的储层泄流面积,从而可以取得更高的天然气产量。根据美国页岩气开发的经验,水平井的日均产气量及最终产气量是垂直井的 3 ~ 5 倍,产气速率则提高 10 倍,而水平井的成本则只有垂直井的 2 ~ 4 倍。国外在页岩气水平井钻完井中主要采用的相关技术有: ① 旋转导向技术,用于地层引导和地层评价,确保目标区内钻井;② 随钻测井技术(LWD)和随钻测量技术(MWD),用于水平井精确定位、地层评价,引导中靶地质目标;③ 控压或欠平衡钻井技术,用于防漏、提高钻速和储层保护,采用空气作循

　　① 1 千立方英尺／日(Mcfd) = 28. 317 立方米／日(m^3/d)。

环介质在页岩中钻进;④ 泡沫固井技术,用于解决低压易漏长封固水平段固井质量,套管开窗侧钻水平井技术,降低增产措施的技术难度;⑤ 有机和无机盐复合防膨技术,确保井壁的稳定性。另外,页岩气水平井钻井要考虑其成本,垂直井段的深度不超过3 000 m,水平井段的长度在500~2 500 m,考虑到钻井完成后,页岩气开发要进行人工压裂,水平井延伸方位要垂直地层最大应力方向,这样能保证可以沿着地层最大应力方向进行压裂。欠平衡钻井时,人们有意识地在裸眼井段使井筒压力低于地层压力,当钻遇渗透性地层时,地层流体会不断流入井筒并循环到地面加以控制,页岩气用空气作循环介质在暗色页岩中钻进,可依据演化模式预测暗色页岩对扩散相天然气封闭的能力,以指导页岩气藏勘探,提高勘探开发水平。另外,在页岩气水平井钻井中,采用欠平衡钻井技术,实施负压钻井,能够避免损害储层。

另外,美国正在加紧页岩气开发小井距开发试验,统计表明:目前80%的井距大于152 m。Devon公司认为,井距减小一半可将采收率提高到75%,切萨皮克公司目前正在进行50口井的试验。

国内水平井与本区的直井相比,产量为直井的3~5倍,甚至更高,而钻井投资与直井相比,井深5 000 m以上为1.3倍左右;井深3 000 m为2倍左右;井深1 500 m为2.5倍左右。塔里木哈得油田水平井注水表明,当水平段长度为油层厚度100倍时,水平井的吸水能力是直井的10倍。水平井注水、采油可以提高水驱采收率5%~10%。

中石油第一口页岩气井——威201井于2009年12月18日开钻(图1-2),2010年4月18日完钻。威201井是四川盆地威远构造上的一口评价直井,设计井深2 851 m。钻探此井的目的是为了获取黑色页岩的地化、岩矿、物性、岩石力学等资料,了解志留系龙马溪组和寒武系九老洞组含油气性资源。

图1-3为我国第一口井深超千米战略调查井——岑页1井,于2011年4月13日在贵州省黔东南州开钻,该井由国土资源部油气资源战略研究中心组织施工,设计垂深1 500 m。钻探目的是为开展页岩气资源潜力评价和有利区优选提供依据。

中石化第一口页岩气水平井"建页HF-1井"通过论证,于2011年6月3日开钻。建页HF-1井是位于湖北建南地区侏罗系页岩气的第一口水平井,由中石化江汉钻井一公司40766JH钻井队承钻,钻探目的是获取建南地区侏罗系页岩气评价参数,了解侏罗系下统自流井组东岳庙段页岩气井的产能情况,为整体评价该区页岩气勘探潜力提

图 1-2 中石油第一口页岩气井——威201井开钻

图 1-3 我国第一口井深超千米战略调查井——岑页1井

供地质依据。该井 6 月 3 日开钻,7 月 15 日钻至井深 1 777.77 m 完钻,垂深 613.58 m,水平位移 1 262.39 m,水平段长 1 022.52 m,位垂比 2.06。该井在水平段钻进过程中,气测显示明显、后效活跃,显示了建南浅层页岩气勘探的良好前景。为了获取建南地区侏罗系页岩气评价参数,为整体评价该区页岩气勘探潜力提供地质依据,该井首先钻探了导眼井(井深 668 m),并在东岳庙段钻井取芯 85 m(取芯井段 564 ~ 649 m,取芯进尺 85 m,岩心长 83.51 m。其中 585.82 ~ 644.27 m 含气岩心厚 58.45 m)。在水平井钻探过程中,通过优选高效 PDC 钻头,强化浅层水平井井身轨迹控制与储层跟踪监测,采用油基钻井液等技术,加快了钻井进度,确保了水平段井眼轨迹在有利页岩储层穿行。该井的钻探成功,为今后页岩气水平井钻井积累了宝贵经验。

2011 年 4 月 23 日,由河南油田施工的部署在河南油田泌阳凹陷深凹区的泌页 HF-1 井正式开钻,该井是我国第一口页岩油水平井。该井设计斜深 3 661 m,主要钻探目的是评价泌阳凹陷深凹区页岩油产能,进一步落实储量规模,为建立中国石化陆相页岩油勘探开发先导试验区奠定基础。

1.3　　页岩气钻井技术特点与难点

1. 井壁稳定性差

页岩气井埋深浅、泥页岩胶结差、井斜大稳斜段长,这些都导致井壁稳定性差。井眼周围的应力场发生改变,引起应力集中,井眼未能建立新的平衡。水或钻井液滤液极易进入微裂缝破坏泥页岩胶结性,打破原有的平衡,导致岩石的碎裂。图 1-4 为泥页岩与水或钻井液滤液浸泡前后对比。

2. 摩阻和扭矩高

钻具与井壁摩擦导致摩阻大、钻头扭矩高。并由此导致起钻负荷明显增加、下钻阻力加大;定向滑动钻进时无法明确判定钻头的实际工作钻压;为解决下钻阻力大的问题,势必增加钻具轴向压力,导致钻具发生屈曲。

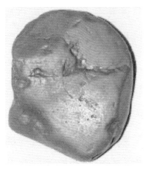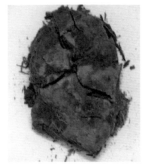

浸泡前　　　　　　　　　　浸泡5 min　　　　　　　　　　浸泡10 min

图 1 - 4
泥页岩与水
或钻井液滤
液浸泡前后
对比

3. 岩屑床难清除

泥页岩的崩塌、钻井液性能好坏及返速大小、钻井岩屑重力效应等导致携岩困难，岩屑床难以清除，进一步增加了摩阻、扭矩，以及井下事故发生的概率。

4. 井眼轨迹难控制

页岩气井造斜点浅，井壁稳定性差，定向工具面摆放困难；由于目的层疏松、机械钻速高，使得井径变化大、扭矩规律性不强。这些都使得井眼轨迹控制困难，进而导致井漏、井垮以及其他井下事故和复杂情况的发生；频繁变化的钻头扭矩严重干扰了定向的实际效果，影响定向工具、钻头作用力方向的控制和调节。对于工厂化钻井模式，防碰要求较高，井眼轨迹控制更加困难。

5. 套管下入困难

对于水平井，尤其是浅层大位移水平井，由于其定向造斜段造斜率高，斜井段滑动钻进，定向时容易在井壁形成小台阶；造斜点至 A 靶点相对狗腿度较大，起下钻过程中容易形成键槽；井斜变化大，导致井眼难以清洁，下套管过程中易发生粘卡事故。其次，由于井眼曲率大、水平段长，套管自由下滑小，摩阻大。套管的自重摩阻和弹性变形的摩阻非常大，直井段套管自重能够提供的驱动力非常有限，套管能否安全下至地质设计井深有很大的风险。

6. 套管受损

套管柱通过水平井弯曲段时随井眼弯曲承受弯曲应力作用。同时，套管属于薄壁管或中厚壁管,套管柱随井眼弯曲变形时,即使弯曲应力未超过其材料的屈服极限,套管截面也已成为椭圆形状而丧失稳定性。由于椭圆的短轴小于套管公称尺寸,导致一些工具无法下入。套管柱弯曲严重时也有可能产生屈曲变形破坏。

7. 钻具组合选择局限性大

浅层大位移水平井由于造斜点浅,上部地层疏松,胶结质量差,同时页岩具有易垮塌的特性,上部钻具自身重量轻,加压困难,导致整个钻具组合的选择受到限制。如果钻具组合选择不恰当,极易偏磨套管。扭矩、摩阻过大,也极易导致发生钻具事故。

8. 套管居中程度差

由于造斜点浅,从造斜点至 A 靶点,将达最大井斜,下套管时,斜井段套管易与井壁发生大面积接触。当井斜超过 70°时,套管重量的 90% 将作用于井眼下侧,套管严重偏心,居中度难以达到 66.7% 以上。

9. 固井水泥浆胶结质量差

由于油气层顶界埋深浅,顶替时接触时间短,不容易顶替干净;岩屑床中的岩屑也难以清洁干净,从而导致驱替效果差。

对于水平位移长的水平井,由于井斜角大,套管在井眼内存在较大偏心,低边泥浆难以驱动,产生"拐点绕流"现象,导致固井水泥浆胶结质量差。对于油基钻井液,必须进行润湿反转后,水泥浆才能够胶结。

10. 固井过程中井漏

固井作业过程中,井底浆柱产生的正压差要比钻井过程中的压差大得多。且封固段长,往往要求水泥浆返至地面,由于水泥浆摩阻及携砂能力大于常规钻井液,顶替钻井液后期易造成水泥浆漏失。河页 1 井替浆过程中由于漏失严重,导致井口失返;建111 井、黄页 1 井也均出现不同程度漏失。

11. 钻井周期长成本高

由于上述种种原因,使得页岩气钻井周期长、成本高。为此,需要优化钻井,采用优快钻井技术,降低建井周期。

1.4 页岩气钻井关键技术

在钻井、完井降压的作用下，裂缝系统中的页岩气（游离气）流向井眼，且基质系统中的页岩气（吸附气）在基质表面进行解析；在浓度差的作用下，页岩气由基质系统向裂缝系统进行扩散；而在流动势的作用下，页岩气通过裂缝系统流向井眼。

页岩气的吸附气含量达到 25%～85%，同时没有远距离的运移和聚合，因此，其开采必须借助于现代化的压裂工艺，通过进一步扩充裂缝，连通相关的孔隙，从而获得一定产能的页岩气。以前由于压裂工艺和设备的限制，导致无法获得具有工业价值的页岩气。现代设备和技术的快速发展，是目前页岩气工业能够快速发展的重要因素之一。

页岩气开发常采用丛式水平井布井方案，利用最小的丛式井井场使钻井开发井网覆盖区域最大化，从而为后期批量化的钻井作业、压裂施工奠定基础。同时也使地面工程及生产管理得到简化（路少、基础设施简单，天然气自发电，管理集中等）。可采用底部滑动井架钻丛式井组。每井组 3～8 口单支水平井，水平井段间距 300～400 m。

大位移井是在定向井、水平井技术之后又出现的一种特殊工艺井。大位移井一般是指井的水平位移与井的垂深之比等于或大于 2 的定向井，且井斜角大于 60°，具有很大的水平位移和很长的大井斜稳斜井段是其主要特征。

地质导向工具、旋转导向钻井系统、闭环钻井、先进的随钻测量系统、新型钻井液、先进完井工具得到快速开发和应用，促进了长水平段水平井钻井技术的迅速发展，目前已经钻成了水平位移超过 10 000 m、最大水平段长度已达 6 000 m 以上的井。

基于以上所述，页岩气钻井需要以下关键技术来加以保证。

1.4.1 井壁稳定技术

由于页岩气井水平段较长，一般在 1 000 m 以上，而且页岩地层层理发育，泥页岩胶结差，岩石性质硬脆，水敏性矿物质含量高，极容易发生井漏、坍塌等问题，增加了钻井成本,延长了钻井周期。

目前页岩气水平井井壁稳定技术包括加强页岩与不同钻井液体系接触后的力学特性研究、加强页岩地层地应力场研究、优选钻井液体系、减少工程因素对井壁失稳的影响等。图1-5为水基钻井液和油基钻井液对井壁的影响。

图1-5 钻井液对井壁的影响

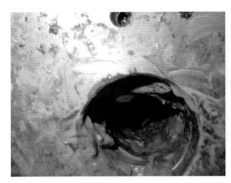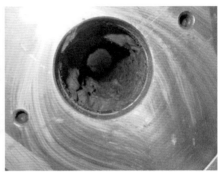

(a) 水基钻井液对井壁的影响　　　　(b) 油基钻井液对井壁的影响

1.4.2　　井眼轨迹优化设计和控制技术

坚持"少滑动、多旋转、微调和勤调"的原则。根据井眼轨迹的控制要求、钻具造斜率变化要求,尽可能减少起下钻次数,以有效降低键槽的发生,可采用可变径弯壳单弯螺杆进行定向,或使用变径扶正器来有效调整造斜率的变化。对于水平段后期的施工,由于扭矩、摩阻明显增加,钻压无法传递到钻头,可采用旋转导向钻进的方法,从而实现及时清理岩屑床、有效降低磨阻的目标。

旋转导向钻井技术是一项尖端的自动化钻井新技术,国内外钻井实践证明,在水平井、大位移井、大斜度井、三维多目标井中推广应用旋转导向钻井技术,既提高了钻井速度,也减少了钻井事故,从而降低了钻井成本。图1-6为利用旋转导向技术和常规螺杆钻具复合定向技术所钻井眼的形状对比。

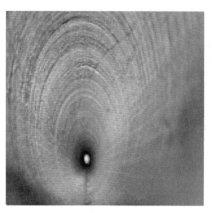 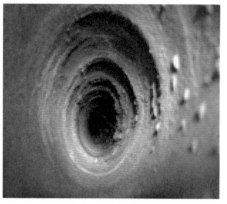

图 1-6 旋转
导向钻井和常
规螺杆钻具复
合定向钻井井
眼形状对比

(a) 旋转导向钻井   (b) 常规螺杆钻具复合定向钻井

1.4.3 下套管与固井技术

1. 套管顺利下入措施

下套管前用模拟套管串的钻具进行认真通井。钻具下至井底后以正常钻进排量充分清洗井筒,有效清除岩屑床,并专人观察井口振动筛返出情况及液面监测,保证井壁稳定、井下不漏;起钻前必须进行短起下钻作业。为降低下套管摩阻,通井起钻前需调整完井液性能。

为增加套管下行动力,采用如图 1-7 所示的套管井口加压装置,可提供 100 kN 的井口外加力,但此时不能进行钻井液循环。采取加重钻杆或钻铤送入套管,悬挂于上层套管,然后回接至井口完成。对进入水平段的套管加入滚轮套管扶正器,变滑动摩擦为滚动摩擦,达到降低下套管阻力、保证套管居中、提高固井质量的目的。

为了减小阻力,可以采用漂浮法下套管技术,该技术所用套管漂浮组件如图 1-8 所示,该组件包括漂浮接箍、止塞箍、盲板浮鞋以及与之配套使用的固井胶塞等。盲板浮鞋和止塞箍连接在套管串的最下端,中间隔有 2~3 根套管;漂浮接箍安装在套管串中部。漂浮长度是指盲板浮鞋与漂浮接箍之间的套管长度,套管漂浮就是通过在这段

图1-7 套管井口
加压装置

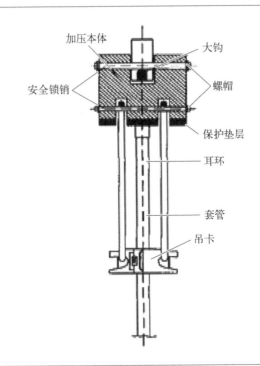

图1-8 套管漂浮
组件

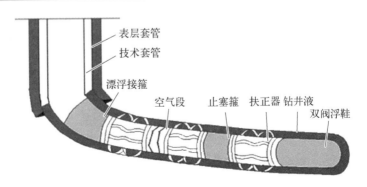

套管内封闭空气或低密度钻井液实现的,如图1-9所示。

　　通过旋转套管降低摩擦阻力、提高下入能力是大位移井完井的另一项关键技术。旋转管柱可以清除下入过程中由摩擦阻力引起的正弦屈曲、螺旋屈曲和更为严重的自锁现象。旋转管柱要求套管必须具有高抗扭能力的优质接头,且送入工具与尾管柱必须容易脱开。

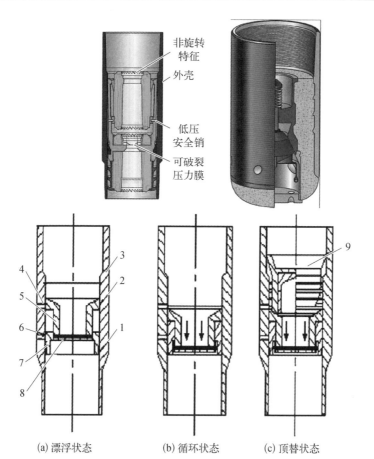

图1-9 漂浮接箍
工作原理

非旋转
特征
外壳
低压
安全销
可破裂
压力膜

(a) 漂浮状态　　　　(b) 循环状态　　　　(c) 顶替状态

1—下滑套密封;2—上滑套密封;3—外筒;4—上锁销;5—上滑套;6—下锁销;7—下滑套;8—4 个循环孔;9—顶替胶塞

利用特定的套管循环头工具在下套管的同时循环钻井液,减小摩擦力,提高套管柱下入能力,并降低卡钻的可能性。

2. 提高套管居中度

为了提高套管的居中度,可优选具有较小的起动力和良好的复位性能、适合于浅层水平井井眼使用的双弓弹性扶正器。固井施工时,根据井眼的弯曲程度、井径变化率情况合理设计扶正器使用数量、类型和卡放位置。根据设计软件对扶正器卡放位置进行模拟,提供理论及参考依据。

在表层内、造斜段、点 A 以上井段,水平段合理安放和使用弹性扶正器、旋流刚性扶正器及滚子扶正器。水平井段采用轻浆或清水顶替,使套管在浮力作用下向井壁高边漂浮,减小套管的偏心程度,从而提高居中度。

3. 优选冲洗液

油基钻井液在套管壁和井壁上形成的油基钻井液沉积物和泥饼,严重影响了水泥环和井壁的胶结强度,是影响固井质量的关键因素。水泥浆、地层和套管壁均是亲水性质,必须进行润湿反转。固井时前置液与井壁的接触时间一般只有几分钟,目前在国内,几分钟就能有效清除井壁及套管上油基成分的前置液相对较少。

冲洗液性能应满足如下要求。

(1)能改变油基钻井液中乳化剂的极性,产生破乳作用,使井壁和套管壁油润湿变为水润湿。

(2)具有亲油增溶作用,使两个界面充分润湿,降低其界面张力。

(3)复合表面活性剂有较强渗透作用,易于分散在整个油相中、渗入乳化剂的保护膜中。

(4)油基钻井液液相为 W/O 型,其油膜分子表面亲油憎水,与水泥浆液相不相容。选择性能优良的破乳剂、润湿反转剂、增溶剂等表面活性剂作为冲洗液,将井壁与套管壁上油膜进行破乳、润湿反转,将其液相变为 O/W 型。所选择的冲洗液对界面上的油膜能产生较强的渗透冲洗力,提高壁面的润湿性,降低表面张力,增强界面胶结亲和程度。

(5)冲洗液设计时可以选择"驱油冲洗液 + 隔离液 + 低密度水泥浆"组成的冲洗模式。

4. 提高驱替效率

大斜度及水平井段套管易偏心,容易导致窄边流窜;井斜角大,井眼清洁净化难。顶替时接触时间短,残留的钻井液不易驱替干净。下套管前,配制水平井眼清洗完井液清扫井底,保持井壁稳定。提高套管居中度,在水平井段和大肚子井段尽量使用旋流刚性扶正器,改变流体流速剖面,产生螺旋流,增加周向剪切驱动力,有利于将环空窄边钻井液和井壁黏稠钻井液驱替干净。选择具有"驱油降黏"冲洗液、"强力牵引"的隔离液,加大前置液使用数量及接触时间。窄边井壁水泥浆不流动,井壁黏稠钻井液就无法驱替。在不能采用紊流固井时,宜用"稠浆慢替方法"提高驱替效率。

5. 水泥浆设计

因为存在井漏风险,同时封固段较长,水泥浆在固井初期会因失重而引起油气层压力不稳、油气窜槽,影响固井质量。采用常规水泥浆、低密度水泥浆和超低密度多凝水泥浆固井,可以有效降低井底浆柱压力,减少漏失发生的概率,同时在稠化时间上形成梯度,利用水泥在凝结过程中的时间差来解决水泥因失重而压不稳产层造成的油气上窜问题。

页岩气固井水泥浆主要有泡沫水泥、酸溶性水泥、泡沫酸溶性水泥以及火山灰 + H 级水泥等 4 种类型。其中火山灰 + H 级水泥成本最低,泡沫酸溶性水泥和泡沫水泥成本相当,高于其他两种水泥,是火山灰 + H 级水泥成本的 1.45 倍。

由于泡沫水泥具有浆体稳定、密度低、渗透率低、失水量小、抗拉强度高等特点,有良好的防窜效果,能解决低压易漏长封固段复杂井的固井问题,而且水泥侵入距离短,可以减轻储层损害,泡沫水泥固井比常规水泥固井产气量平均高出23%。页岩气井通常采用泡沫水泥固井技术。美国 Oklahoma 的 Woodford 页岩储层中就利用了这种泡沫水泥来固井,它确保了层位封隔同时又抵制了高的压裂压力。泡沫水泥膨胀并填充了井筒上部,这种膨胀也可以有助于避免凝固过程中的井壁坍塌,泡沫水泥的延展性弥补了其低的压缩强度。

美国 Barnett 页岩钻井过程用酸溶性水泥固井,酸溶性水泥提高了碳酸钙的含量,当遇到酸性物质水泥将会溶解,接触时间及溶解度影响其溶解过程。溶解能力是碳酸钙比例及接触时间的函数。常规水泥也是溶于酸的,但达不到酸溶性水泥的这个程度,常规水泥溶解度一般为 25%,而酸溶性水泥溶解度则高达 92%,较容易进行酸化压裂。

泡沫酸溶性水泥由泡沫水泥和酸溶性水泥构成,具有泡沫和酸溶性水泥的特点,同时具备泡沫水泥和酸溶性水泥的优点。一种典型的泡沫酸溶性水泥由 H 级普通水泥加上碳酸钙,以提高酸的溶解性,然后用氮气产生泡沫。该类型水泥固井不仅能够避免水泥凝固过程中的井壁坍塌,而且还能够提高压裂能力。

火山灰 + H 级水泥体系通过调整泥浆密度来改变水泥强度,用来有效防止漏失,同时有利于水力压裂裂缝,流体漏失添加剂和防漏剂的使用能有效防止水泥进入页岩层。这种水泥要能抵制住比常规水泥更高的压力。

通过在水泥浆中加入早强剂、晶格膨胀剂、增韧剂等,形成了微膨胀增韧防漏水泥浆体系,如胶乳水泥浆、橡胶粒子弹性增韧防漏水泥浆等。

胶乳在低应力作用下增加了弹性形变恢复能力,在高应力下胶乳水泥石表现出较强塑性形变能力,产生永久性塑性形变,吸收能量,从而有助于提高水泥石抗冲击破坏的能力。

通过在水泥中添加特殊弹性和增韧性的材料,以改善油井水泥石力学性能,赋予油井水泥石一种可控塑性形变能力,增加水泥石抗冲击破碎性能,减轻水泥环在受冲击力作用时的应力集中所造成的破裂伤害程度。国内提高水泥环抗冲击性能最常用的材料是能够增加韧性的纤维,以及能够提高弹性的橡胶粉。将橡胶粉加入油井水泥浆中,当水泥石受冲击力作用时,力将传递到充填于其间的弹性体橡胶粉颗粒。弹性体橡胶粉产生力的缓冲,并吸收部分能量,提高水泥石的抗冲击性能,从而达到降脆增韧的目的。但这种方法也有其缺陷,即橡胶粒无法均匀地混入水泥中。

6. 模拟计算

以建页 HF‑1 井为例,模拟计算结果如下。

扶正器类型:弹性扶正器;

扶正器间隔:1 个/根;

扶正器井段:400 m～井底(1 784 m);

摩阻系数:0.2;

泥浆密度:1.2 g/cm^3、1.8 g/cm^3;

计算结果:下套管最大摩阻 73.4 kN,两种泥浆密度下套管均可顺利下入。

由于摩阻系数的大小在下套管过程模拟计算中的影响很大,为保险起见,将裸眼井段摩阻系数选为 0.3,套管内摩阻系数为 0.2,模拟计算结果显示,最大摩阻 150 kN,下至井深 1 710 m 时发生钻具屈曲,无法下入。

此时必须采用套管漂浮技术进行下套管作业。当漂浮段长度为 200 m 时仍有可能发生屈曲。当漂浮段长度≥300 m 时,套管可顺利下入。

1.4.4　降摩阻技术

稳斜井段摩阻在总摩阻中占主要部分,当弯曲井段钻柱受压时,将导致总滑动摩阻增加,为此,可采取以下措施来降低摩阻。

(1)采用单圆弧增斜剖面。这种剖面轨迹简单,减少了大井斜井段复合钻进尺,增加了连续定向增斜进尺,能保证井眼轨迹平滑,减少了局部增斜和降斜井段,减小了钻柱与井壁接触面积,能有效降低全井摩阻。

(2)使用高性能的钻井液体系。目前,为了实现页岩气层防塌,同时获得良好润滑性的目标,浅层大位移页岩气钻井基本都使用了油基钻井液。

(3)安装防磨减扭接头。在钻具上的合理位置、合适的间距(套管内安装间距约为20 m,裸眼内安装间距约为30 m)安放相适应的防磨减扭接头,如图1-10所示。变旋转接触为非旋转接触,不仅有效地保护了套管,同时也适当降低了复合钻进时钻具的扭矩。

图1-10　防磨减扭接头

1.4.5　井眼清洗技术

采用下列措施可有效提高井眼清洁程度:

(1)多采取短起下钻;

(2)更换柔性钻具组合进行通井和划眼,特别是对50°井斜以后的井段;

(3)起下钻过程中分段循环;

(4)高黏度的钻井液洗井,也可采用大排量进行洗井;

（5）倒划眼；

（6）增加旋转钻进的方式和接立柱时倒划眼时间。

1.4.6　　优化钻具组合

采用倒装柔性钻具结构,钻具下部使用斜坡钻杆,将加重钻杆放在井斜角30°以上的井段,由上部加重钻杆提供钻压,下部钻杆代替钻铤传递轴向载荷,从而减少钻柱与井壁之间的作用力,降低摩阻和扭矩。优先"小度数单弯螺杆+无磁承压钻杆"的柔性倒装钻具组合。

某页岩气水平井钻具组合如下：

ϕ215.9 mm 牙轮钻头+ϕ165 mm×1.5°螺杆钻具+ϕ210 mm 扶正器+浮阀+无磁承压钻杆+MWD 无磁悬挂短节+短无磁钻铤+ϕ127 mm 斜坡钻杆×1 500 m+ϕ127 mm 加重钻杆×30 根+ϕ127 mm 斜坡钻杆。

1.4.7　　完井技术

页岩气井的完井方式主要包括套管固井后射孔完井、尾管固井后射孔完井、裸眼射孔完井、组合式桥塞完井、机械式组合完井等。

套管固井后射孔完井如图1-11所示。套管固井后射孔完井的工艺流程是：在套管固井后,从工具喷嘴喷射出的高速流体射穿套管和岩石,达到射孔的目的,通过拖动管柱进行多层作业。其优点是免去下封隔器或桥塞,缩短完井时间,工艺相对成熟简单,有利于后期多段压裂;缺点是有可能造成水泥浆对储层的伤害。美国大多数页岩气水平井均采用套管射孔完井。

尾管固井后射孔完井的优点是有利于多级射孔分段压裂,成本适中,但工艺相对复杂,固井难度较大,可能造成水泥浆对储层的伤害。裸眼射孔完井能够有效避免水泥浆对储层的伤害,同时也可避免注水泥时压裂地层以及水泥侵入地层的原有孔隙当

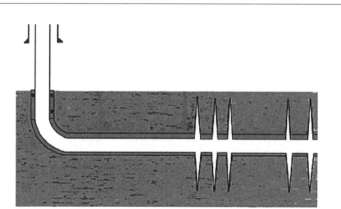

图 1 - 11　套管固井
后射孔完井示意

中,工艺相对简单,成本相对较低;缺点是后期多级射孔分段压裂难度较大,不易控制,后期完井措施难度加大。尾管固井后射孔完井及裸眼射孔完井在页岩气钻完井中不常用。

如图 1 - 12 所示,组合式桥塞完井是在套管中用组合式桥塞分隔各段,分别进行射孔或压裂,这是页岩气水平井最常用的完井方法,其工艺流程是下套管、固井、射孔、分离井筒,但由于需要在施工中射孔、坐封桥塞、钻桥塞,因此组合式桥塞完井也是最耗时的一种方法。

机械式组合完井是目前国外采用的一种新技术,它是采用特殊的滑套机构和膨胀封隔器来实现。该完井技术适用于水平裸眼井段限流压裂,一趟管柱即可完成固井和

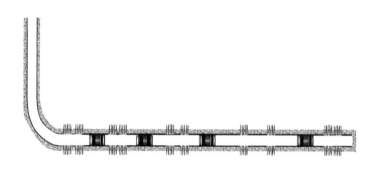

图 1 - 12　组合式桥
塞完井示意

分段压裂施工。施工时将完井工具串下入水平井段,悬挂器坐封后,注入酸溶性水泥固井。井口泵入压裂液,先对水平井段末端第一段实施压裂,然后通过井口投球系统操控滑套,依次逐段进行压裂。最后放喷洗井,将球回收后即可投产。膨胀封隔器的橡胶在遇到油气时会自动发生膨胀,封隔环空、隔离生产层,膨胀时间也可控制。机械式组合完井目前主要有 Halliburton 公司的 Delta Stim 完井技术。

1.5 水平井对页岩气开发的重要性

1.5.1 水平井对页岩气开发的必要性

页岩气的储量巨大,但开采难度较高,为了能充分开采页岩气,目前采用的技术有水平井技术和压裂技术,为此,对页岩水平井钻井技术的研究具有非常重要的意义。

水平井的突出特点是井眼穿过储层的长度较长,大大增加了井与储层的接触表面积,从而使单井产量显著提高,加快了生产速度,减少了生产时间。水平井在具有天然裂缝的岩层中,可以将天然裂缝相互连接起来,由于天然裂缝的渗透率要远大于岩石基质的渗透率,降低了油气流入井筒的压力损耗,形成阻力很小的输油线路,从而可以使一大批用直井或普通定向井无开采价值的油藏具有工业开采价值。如果产层为水驱动,当原油黏度比水高得多时,垂直井可能会遇到水锥的问题,水平井可以在油层的中上部造斜,然后在生产层中钻一定长度的水平段,这样不仅可以减少水锥的可能性,延长无水采油期,而且每单位长度的产油段的压力降比垂直井产油段低,其他效果也都有所提高。同时水平井还能减少气锥的有害影响,提高油井产量。水平井可以连续贯穿几个薄油层,从而使不具有工业开采价值的油层也能进行生产,提高了原油的采收率。

1.5.2　　水平井开发现状和开发效果

众所周知,水平井以具有较大的控制泄油面积、较小的生产压差、较高的投入产出比而受到研究人员的重视。水平井与本区的直井相比,产量为直井产量的 3 ~ 5 倍,甚至更高。而钻井投资与直井相比,井深 5 000 m 以上为 1.3 倍左右;井深 3 000 m 为2 倍左右;井深 1 500 m 为 2.5 倍左右。

由于水平井能够在更大面积上使井筒与地层裂缝相接触,不但可以用于裂缝发育的页岩气藏,也使得裂缝不够发育甚至无裂缝通道的页岩气藏得到经济有效的开发。2002 年后,Barnett 页岩气水平井完井数迅速增加,2003—2007 年,Barnett 页岩水平井累计达 4 960 口,占该地区生产井总数的 50% 以上;2007 年完钻 2 219 口水平井,占当年页岩气完井数的 94% 。目前,水平井已经成为开发页岩气的主要钻井方式。

决定水平井产能的关键因素包括水平段的方位角和延伸长度。在与地层最大主应力方向相垂直的方向钻井,可以使井筒与更多的裂缝接触,还有助于小裂缝发展成大裂缝,从而提高页岩气采收率。

采用三维地震解释技术设计水平井轨迹,钻井过程中利用旋转钻井导向工具、随钻测量技术(MWD)和随钻测井技术(LWD),可以保证水平井精确定位,引导中靶地质目标。

1.6　　页岩气水平井分类

水平井是最大井斜角保持在 90°左右(一般不小于 86°),并在目的层中维持一定长度的水平井段的特殊井。

1.6.1　　单个水平井

单个水平井即在井眼中只钻一个单枝的水平井。单个水平井大致可以分为四类,包括长半径水平井、中半径水平井、短半径水平井和超短半径水平井,如图 1 – 13 所示。其中长半径水平钻井技术多开发海上油田;中半径是目前最常见的水平井技术;短半径水平井对于租用作业面积小于 323 760 m² 的作业者很有吸引力,美国一些小型独立石油公司多采用短半径水平井开采枯竭油气藏,加拿大、远东一些陆地浅油田也采用了造斜率高的短半径水平井技术;超短半径水平井适合松软地层、浅油砂层和沥青砂油层。

图 1 – 13 水平井长、中、短半径剖面示意

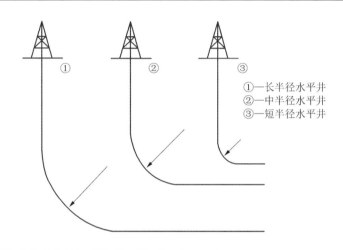

①—长半径水平井
②—中半径水平井
③—短半径水平井

长半径水平井(又称小曲率水平井),造斜率 $K < 6°/30$ m(曲率半径 $R > 286.5$ m);

中半径水平井(又称中曲率水平井),造斜率 $K = (6° \sim 20°)/30$ m(曲率半径 $R = 286.5 \sim 86$ m);

短半径水平井(又称大曲率水平井),造斜率 $K = (3° \sim 10°)/$m(曲率半径 $R = 19.1 \sim 5.73$ m)。

水平井具有如下技术特点:

(1)进入油层前的无效井段较短;

(2)使用的井下工具接近于常规工具;

(3)造斜段多用井下动力钻具钻井,可控性好;

(4)离构造控制点较近;

(5) 可用常规的套管及完井;

(6) 井下扭矩及阻力较小;

(7) 较高及较稳定的造斜率;

(8) 井眼控制井段较短;

(9) 穿透油层段长(可达 1 000 m);

(10) 井眼尺寸不受限制;

(11) 可以测井和取芯;

(12) 可实现选择性完井;

(13) 要求使用 MWD(或 LWD);

(14) 要求使用加重钻杆。

1.6.2　丛式水平井

所谓丛式水平井是在一个井场或一个钻井平台上,有计划地钻出一组(两口或两口以上)的水平井。丛式水平井的井口集中在一个有限的范围内,大大减少了征地面积,可以实现井工厂钻井作业,极大地降低了钻井成本和开发成本。目前广泛应用于海上油田开发、沙漠油田开发等。丛式水平井的设计原则是保证在整个钻井作业过程中,井与井之间不会发生碰撞,在满足开发要求的前提下尽量选择简单的井身剖面,合理选择井身结构、造斜点、造斜率等。

众所周知,防碰绕障技术是丛式井组的核心技术,是丛式井能否成功施工的关键,为此必须做好以下工作。(1)井口相距较近,必须搞好井眼轨迹设计、测量与控制,防止正钻井眼与已钻井眼相碰相交(特别是直井段),并且要尽可能减少控制井斜、方位的工作量。(2)造斜点以上直井段严格控制井斜 <1°,防止已钻井眼与正钻井眼相碰。(3)利用防碰软件协助轨迹控制,对已钻井的实钻数据及待钻井的设计剖面数据进行防碰扫描,并绘出大比例尺的防碰图。(4)严格按丛式井设计施工,不得随意变动丛式定向井、水平井的造斜点以免造成两井相碰。(5)施工中密切注意钻时变化情况,观察是否有钻时突然加快、钻具放空及蹩跳现象,及时调整钻井参数,采取绕障措

施。根据防碰图的情况,在防碰井段加密测斜点,并做小半径内井间最小距离扫描与分析,注意测斜磁干扰情况,及时采取相应的技术措施。

1.6.3 多分支井

多分支井是指在一口主井眼的底部钻出两口或多口进入油气藏的分支井眼(二级井眼),甚至再从二级井眼中钻出三级子井眼。主井眼可以是直井、定向斜井,也可以是水平井。分支井眼可以是定向斜井、水平井或波浪式分支井眼。

多分支井可以在1个主井筒内开采多个油气层,实现1井多靶和立体开采;多分支井不仅能够高效开发油气藏,而且能够有效建设油气藏。

多分支井技术与定向井、水平井技术的差异主要表现在:多分支井有多个井底目标,各个分支井眼与主井眼都有特殊的连接装置。为了实现井下安全生产、作业,要求连接处解决好三个关键技术:(1)力学完整性,即连接处有足够的机械支撑;(2)水力完整性,即连接处有足够的水力密封能力;(3)再进入能力,即可选择性进入任意分支井眼,进行后续增产或修井作业。

选择分支井时,应注意以下几个问题:(1)根据地质、油藏条件和拟用的采油方式,选择 TAML 分级标准的某级,并确定井身剖面的类型,设计主、分井筒的整体方案以及每个井筒的结构及相应完井方法。选择与设计分支井时还必须考虑当时的钻井、固井、完井工艺技术水平以及多底井采油、增产和修井作业的工艺技术水平。尽量采用智能完井、选择性完井、遥控完井等新技术。(2)精心设计主-分井筒井身轨迹,采用先进有效的井身轨迹控制技术,确保井眼准确穿越实际需要的靶区。尤其是使用先进的随钻地质导向技术和闭环钻井技术寻优控靶,确保井身质量并有良好的重返井眼能力。(3)对开窗技术、预铣窗口套管短节的选择、无碎片系统的研究等要仔细,以减少井下工作时间和提高井眼清洁度。(4)研究多分支井能够维护井壁稳定、保护油气产层以及低摩阻、强抑制、高携屑能力、净化井眼好的钻(完)井液及其精细处理剂的技术。

1.6.4　大位移水平井

随着定向井、水平井钻井技术的发展,出现了大位移井,大位移井的定义一般是指井的位移与井的垂深之比≥2 的定向井,也有指测深与垂深之比的。大位移井具有很长的大斜度稳斜段,大斜度稳斜角称稳航角,稳航角 >60°。

由于多种类型的油气藏需要,从不变方位角的大位移井又发展了变方位角的大位移井,这种井称为多目标三维大位移井。

正是由于这一特征,即大井斜、长井段下的突出的重力效应,带来了大位移井的一系列技术难点和特点,形成了在钻井工艺、固井工艺、井下工具和仪器等诸多方面特色技术。

2011 年 1 月 31 日,埃克森美孚公司(Exxon Mobil Corporation)宣布,其子公司 Exxon Neftegas Limited 已经在俄罗斯远东地区近海的 Odoptu 油田成功钻出了全球最深的大位移井。Exxon Neftegas 代表一个国际财团运营 Sakhalin‑1 项目,该财团包括俄罗斯国有公司 Rosneft 旗下的 RN-Astra 和 Sakhalin morneftegas-Shelf、日本公司 SODECO 以及印度国有石油公司 ONGC Videsh Ltd. 。

Odoptu OP‑11 井的总测量深度达到了 40 502 ft[①](12 345 m),创造了大位移井的世界纪录。Odoptu OP‑11 井还实现了创纪录的水平距离——37 648 ft(11 475 m)。Exxon Neftegas 仅在 60 天内就完成了这一创纪录的油井,使用了埃克森美孚的快速钻探工艺(Fast Drill Process)和 Integrated Hole Quality 技术,使 OP‑11 的每一英尺钻孔都能实现最佳性能。

Odoptu 是 Sakhalin‑1 项目的三个油田之一,位于库页岛东北部距离海岸 5 ~ 7 mi[②](8 ~ 11 km)的海上。大位移井工艺使得陆上钻井能够从海底钻向海上油气藏,从而可以在全球最具挑战性的亚北极区环境之一中以安全和环保的方式进行成功操作。

1985 年西江油田在钻探过程中发现了只有 4.2 km² 的西江 24‑1 构造,原始地质

———————————

①　1 英尺(ft) =0.304 8 米(m)。

②　1 英里(mi) =1.61 千米(km)。

储量仅有 $875 \times 10^4 \ m^3$。如果采用水下井口生产系统进行开发,需要投入 50 000 000 美元,如果建造一个无人操作卫星小平台进行开发,需要投入超过 70 000 000 美元,若再加上操作费,则该油田的开发就不具经济价值。为此,中国海洋石油南海东部公司决定,从已经投产的西江 24-3 海上平台钻一口水平位移超过 8 000 m 的大位移井,来开发西江 24-1 边际油田,估算需要投入 24 000 000 美元。经过 101 天的奋斗,24-3-A14 井于 1997 年 6 月 10 日完井。全井直接费用为 18 100 000 美元。

24-3-A14 井全井水平位移 8 062.7 m(26 452 ft),创造了当时世界最大水平位移纪录;311.1 mm(121/4 in)裸眼井段长 5 032 m(16 509 ft),创造了当时任何尺寸裸眼井段最长的世界纪录;同时创造了世界 MWD/LWD 实时传输接收信号的最深纪录,深度为 9 106 m(29 875 ft)。

1. 大位移井的用途

(1)用大位移井开发海上油气田,大量节省费用;

(2)近海岸的近海油田,可钻大位移井进行勘探、开发;

(3)不同类型的油气田钻大位移井可提高经济效益;

(4)使用大位移井可以代替复杂的海底井口开发油气田,节省投资;

(5)一些油气藏在环保要求的地区,钻井困难,利用大位移井可以在环保要求不太高的地区钻井,以满足环保要求。

2. 大位移井关键技术

1)降低摩阻和扭矩技术

影响大位移井管柱摩阻、扭矩的因素包括井身剖面、管柱结构、地层性质、钻井液性能及井眼净化情况等。

采用近似悬链线剖面,可大大减小钻井扭矩和下入阻力,增加下套管重量 20%~25%。

在钻杆的某位置处使用由特殊塑料制成的不旋转的钻杆保护套(DPP)可以大大降低扭矩。BP 公司在 Wytch Farm 油田 F19 井大位移井项目中使用钻杆保护套(DPP),降低扭矩 25%。

采用油水比高的油基泥浆可以明显降低钻井扭矩。试验证明,高油水比的油基钻井液可使金属-金属以及金属-砂岩之间的摩擦力下降近一半,而润滑剂的影响并不大。

此外,下述措施也有利于降低摩阻和扭矩:

(1) 使用降扭矩工具;

(2) 加强扭矩/摩阻的监测;

(3) 使用高强度钻杆;

(4) 提高地面设备的功率;

(5) 利用顶部驱动系统(TDS)来帮助解决扭矩和阻力的问题;

(6) 摩阻分析软件的应用,模拟不同的井眼轨迹、计算不同钻具组合条件下旋转钻进、滑动钻进及起下钻情况下的摩阻与扭矩值。

2) 钻柱设计

(1) 对于增斜-稳斜井身剖面,由于造斜率较低(<2°/30 m) ,一般要求采用大功率顶部驱动装置重钻柱结构才能达到水平位移较大的目标层。

(2) 对于下部井段造斜井身剖面,其特征是造斜点较深,并能降低扭矩和套管磨损,采用轻钻柱结构和低功率的地面设备即可钻成。

(3) 对于悬链线井身剖面,其特点是扭矩低、钻柱与井壁之间的接触力几乎为零。但由于悬链线井身剖面使下部钻柱受压,与常规井身剖面相比,井眼轨道较长,因此,出现了对其进行修正后的井身剖面,即准悬链线剖面,并逐步在国外的大位移井中成为标准。

3) 井壁稳定

(1) 优化钻井轨迹设计。在构造应力区,应尽可能在垂直于最大应力方向钻井。

(2) 正确考虑压力设计。在地层破裂压力与地层坍塌压力之间钻井液循环当量密度调节余地的大小是制约许多大位移井水平段延伸长度的主要因素。

(3) 化学控制井壁稳定。根据地层特点选用合适的防塌钻井液。现常用油基钻井液、合成基钻井液、聚合物氯化钙钻井液、正电胶钻井液和聚合醇钻井液等进行大位移井钻井作业。目前在英国北海、挪威 Stafjiod 及中国南海西江等油田创世界纪录的大位移井都是用这两种钻井液钻成的。为进一步提高水基钻井液的防塌能力,还需对选定的钻井液体系常使用的各种防塌处理剂进行改性处理。

4) 井眼净化

在大位移井钻进过程中,钻屑脱离钻井液流,向井筒低边沉积,此时在井筒与钻杆环空内的上返钻井液流由下而上分为稳定沉积层、沉积移动层、非均相的悬浮液流动层和假均相流动层,使上返钻井液流型和流变性更加复杂,导致钻井液悬浮体的均匀性被破坏;斜井中低边井壁的钻屑沉积层在停泵时还会整体下滑,使携岩更为困难,极易造成砂桥卡钻。在斜井段容易形成稳定岩屑沉积层,其厚度随井斜角增大而增厚。随着井斜角的增大,岩屑的运动方向逐步偏离轴向,而接近径向运移,从而形成岩屑床。同时,随着井斜角的增大,钻柱因为自重而偏心躺在井筒的低边井壁上,钻柱下侧环空间隙变小,使岩屑床的清除更为困难。

对于大位移井,井眼清洁程度可以根据地面立管压力值来计算环空压力进行检测。环空压力等于立管压力减去钻柱、井下动力钻具、MWD、钻头压降以及环空循环压降。将环空压力转换成循环钻井液当量密度,据此就可以检测井眼清洁程度,为大位移井安全钻进提供了一定依据。

对于大位移井岩屑床的清除可以通过提高泥浆返速、改善泥浆性能与机械清除岩屑相结合等办法。

5)套管问题

大位移井井身结构的特殊性,使得套管磨损问题更加突出。磨损使套管柱的抗挤毁强度、抗内压爆破强度等性能降低,对套管柱安全构成威胁,并可能引起油气井控制问题,甚至引起井喷,严重的套管磨损有时可使一口几乎要完成的井报废。另外修理已磨损套管的费用很高,据统计,因磨损而加厚套管壁,石油工业每年要花费几千万美元。

3. 大位移近水平井的特点

随着水平井钻井技术在国内的开展,水平井轨迹控制工艺技术也日益提高;大位移近水平井如何准确命中目的层的靶窗、如何控制靶前位移的大小与方位,是大位移近水平井设计和施工技术的关键。

1)大位移近水平井目的层的特点

与常规中半径水平井相比,大位移近水平井具有高难度、高投入、高风险的特点,但是一口成功的大位移近水平井,能实现远距离的开发目的,既节约投资,又能获得较好的效益。

大位移近水平井开发的区块具有以下特点:

（1）断区块组合油藏；

（2）探区边界油藏。

2）大位移近水平井的钻井难点

（1）区块复杂，着陆控制、稳斜段长控制难度大；

（2）对钻井装备、钻井液设备要求高；

（3）钻具、监测工具、仪器等针对性强，技术含量高；

（4）要求钻井液有很强的润滑性、悬浮能力和携砂能力，并能保持井眼稳定；

（5）对防喷、防漏和保护油气层、固井质量、完井技术的要求高；

（6）井下恶劣条件与随钻测量仪器和动力钻具使用的矛盾十分突出；

（7）井眼轨道的预测、控制难度大，需要有高质量的应用软件和高素质的工程技术人员。

3）影响钻井效益的主要因素

（1）钻进时扭矩大，钻具事故发生概率高；

（2）容易发生传压困难，不易调整井眼轨道的井斜、方位；

（3）井眼的净化和携砂难度。

4）钻井参数和钻井液参数的优选

水平井施工中钻井液排量小（28～35 L/s），深井中泵压高（18～25 MPa），造成导向马达的功率不能正常有效地发挥，也影响正常携砂和井下的净化。

实际施工时应尽可能优选能充分发挥每一部分优势的钻井参数和钻井液参数。

4. 大位移井钻井完井技术

1）井眼轨迹设计

（1）井身剖面优化设计能增大位移井的位移

分析表明，可达到的最大可钻深度取决于井斜角，且在 45°～55°内位移有个最小值。可能的话，调整造斜点深度使稳斜角达到 70°～75°，可获得最大位移。

（2）井眼轨迹形式

① 单层井——大位移水平井；

② 多目的层井——S 形轨迹；

③ 多目标层井——三维井眼轨道。

（3）多目标三维大位移井提高了采收率

一种新的多目标三维大位移井剖面的实现带来了产量的增加和采收率的提高。

2）钻柱设计

（1）大位移钻井中的扭矩和摩阻的常规分析方法

① 摩擦扭矩和机械扭矩；

② 摩阻和屈曲。

（2）扭矩设计

不同的钻井液类型在套管和裸眼井内产生不同的摩阻系数，如表 1-1 所示。

表 1-1　摩阻系数与钻井液类型的关系

钻井液类型	套管内摩阻系数	裸眼井内摩阻系数
水基钻井液	0.24	0.29
油基钻井液	0.30	0.31

钻头扭矩受动力影响且钻进中是动态的，受多种因素的影响，如钻压、钻速、地层特性，PDC 钻头设计，钻头磨损和水力等。

井眼中使用特殊的钻井液并旋转钻柱，摩擦扭矩最小。同样，在钻柱起、下时摩擦阻力最小，但各机械作用抵消了这种优势，还将引起扭矩摩阻的增加。

由于大位移井中轨道本身包括大井斜段或水平油藏段，因此在固井时，旋转尾管是很有成效的。

根据扭矩和摩阻对各种施工作业的限制，要优选井眼轨道，有各种好的剖面类型用于实现大位移钻井目的，包括增斜、稳斜和双增斜。

减小扭矩的措施有：钻井液润滑性的优化，井身剖面优化，使用低摩阻的钻杆保护器等减少摩阻。如果钻柱发生屈曲并加重了摩阻，则考虑优选钻柱设计，降低屈曲严重度。

在浅的大位移井中，减小摩阻系数，无论尾管是否下到井底，都会产生不同的影响。扶正器既可以事先在管子排放架上安放，也可在下套管作业时安放。扶正器的细长外形可保证管子从管子架滑下时不被碰坏，并且在井架上保持垂直位置。

影响层位封隔比较重要的因素有：使用螺旋翼片扶正器，转动尾管，以及使用管外封隔器等。对水泥胶结测井评价，包括使用连续油管和各种胶结测井比如超声波测井，如能正确使用这些方法，水泥胶结测井也会十分可靠。

1.7 页岩气水平井的钻井难点

1.7.1 页岩气藏井壁垮塌严重

井眼不稳定会导致起钻遇卡、下钻遇阻，降低钻进效率，发生钻井液漏失。严重的缩径会造成键槽和卡钻，恶性垮塌埋掉钻具，更严重者会发生溢流、井漏甚至有井喷的危险。造成井眼不稳定的原因可以分为化学作用和力学作用两种，具体如下。

（1）易坍塌地层在钻井液中长时间浸泡，会导致面积成倍增加，化学作用的程度也将增加。

（2）由于流体流动阻力的附加压差变大，会导致实际过程中钻井液的滤失量增加、侵入深度加大，进而导致坍塌的可能性加大。

（3）随着井斜角的增大，各向同性岩石向井内的侧压力变大，更容易发生井塌。

（4）水平井所允许的钻井完井液密度上限降低，这会造成支撑塌层的力相应减小，更易产生坍塌。

目前的钻井情况表明，绝大多数页岩气水平井在页岩层段钻井过程中都发生过坍塌，这点严重影响了钻井周期及后续压裂施工。

1.7.2 岩屑床的存在

岩屑床是指钻头钻井过程中产生的岩屑不能随钻井液一起返回地面而在井壁上

堆积聚集。岩屑床的存在会降低机械钻速,增大钻柱上下活动的阻力,减少钻头压降,导致钻具所受的扭矩增大,甚至会使钻具扭断,造成严重的事故;岩屑床还会导致黏卡等事故经常发生,增加了钻进周期,还会影响井下测量工具的测量,使套管下入困难等。岩屑床会严重危害钻井的进行,在水平井中岩屑床会更容易形成,主要原因有以下几点。

(1)井斜为岩屑床的形成提供了条件。随着井斜的增加,井眼的净化程度会逐渐减小,岩屑就容易堆积,经试验发现,井斜角为30°~60°时井段内最易形成岩屑床,进而造成复杂井下事故。

(2)环空返速也会造成岩屑床的形成。环空返速随着井斜角的增大而增大,但实际中,当井斜角不断增大时,由于设备的限制,环空返速不能无限地增大,所以导致岩屑不能及时带出井筒,造成岩屑的堆积,形成了岩屑床。

(3)除此之外,钻具尺寸、位置、状态,钻井液的性能、类型和流态等对岩屑床的形成也都有影响。

由于水平井的井斜角大,水平段位移较长,所以在钻柱的行进过程中,受到的摩擦阻力是很大的,转动和起下钻柱时摩阻大会造成阻卡严重,下不到底,有时会发生卡钻,严重的会扭断钻柱。水平井的井眼是弯曲的,受重力的作用,钻具在其中总是靠着井壁的,与直井相比接触面积大大增加。因此,起下钻具所产生的摩擦阻力和旋转钻具所产生的扭矩就会大大地超过直井。这是弯曲井眼的特有性质。

1.7.3　页岩气水平井钻井难点

页岩气水平井钻井难点有以下几方面。

(1)由于页岩地层裂缝发育,长水平段(1 200 m左右)钻井中易发生井漏、垮塌等问题,造成钻井液大量漏失、卡钻、埋钻具等工程事故。

(2)页岩气水平井钻井中,水平段较长,摩阻、携岩及地层污染问题非常突出,钻井液好坏直接影响钻井效率、工程事故的发生率及储层保护效果。

(3)页岩气单井产能低,勘探开发成本高,需要优化钻井工艺及研发低成本钻井技术及其配套装备,提高采收率,降低钻井工程成本。

(4) 固井水泥浆配方和工艺措施处理不当,会对页岩气储层造成污染,增加压裂难度,直接影响后期采气效果。

(5) 完井方式的选择关系到工程复杂程度、成本及后期压裂作业的效果,合适的完井方式能有效简化工程复杂程度、降低成本,为后期压裂完井创造有利条件。

1.8　页岩气水平井关键技术

页岩气水平井钻井是一项综合技术,需要与测井、油藏等学科结合起来。在钻井过程中,FMI 全井眼微电阻率扫描成像测井显示出水平井钻遇的裂缝和层理特征,钻井诱发的裂缝沿着钻井轨迹顶部和底部,沿应力最高的井筒侧面终止;MWD 在钻井过程中提供井斜角和方位角信息;LWD 随钻测井实时获得所钻地层岩性和岩石中流体的状况;SWD 随钻地震提供钻头前方待钻地层岩石类型、岩石孔隙度、孔隙压力与其他声学敏感的岩石参数;通过三维地震解释技术能更好地设计水平井井眼轨迹,钻遇更多的产层;采用 GST 地质导向技术,根据随钻测量和随钻地质评价测井数据,控制井眼轨迹,使钻头始终沿油层钻进,自动避开地层和地层流体界面。水平井钻井在定向时由于扭矩高,摩阻大钻压高,造斜十分困难,通常采用旋转导向技术。与常规钻井相比,页岩气钻井重点要实现三个方面的要求:(1) 浅层的快速批钻钻井,即为了节省时间降低钻井成本,要实现浅层的快速钻进,往往采用表层特殊钻机实现批钻;(2) 水平段快速侧钻;(3) 在钻井过程中,要时刻了解随钻过程中的岩石储层物性,以实现水平段着陆。

(1) 旋转导向技术　旋转导向技术主要用于地层引导和地层评价,以确保目标区内钻井。

(2) 随钻测井技术(LWD)和随钻测量技术(MWD)　随钻测井技术(LWD)和随钻测量技术(MWD)主要用于水平井精确定位、地层评价,以及引导中靶地质目标。

(3) 控压或欠平衡钻井技术　控压或欠平衡钻井技术主要用于防漏、提高钻速和储层保护,常用空气作循环介质在页岩中钻进。

（4）泡沫固井技术　泡沫固井技术主要用于解决低压易漏长封固水平段固井质量不佳的难题,套管开窗侧钻水平井技术降低了增产措施的技术难度。

（5）有机和无机盐复合防膨技术　有机和无机盐复合防膨技术确保了井壁的稳定性。

第 2 章

页岩气井钻井设计

钻井设计是油气井钻井中必不可少的组成部分。钻井设计应做到符合实际目标、便于施工且具有一定的灵活性,以适应作业期间发生的变化;钻井施工过程也是完善钻井设计的过程。

2.1 钻井设计包括的内容

钻井设计包括如下内容:

① 设计依据与要求;② 井身结构设计;③ 井身质量要求;④ 钻具组合设计;⑤ 钻井参数设计;⑥ 水平井井身轨迹设计;⑦ 防止油气层损害要求;⑧ 钻井液设计;⑨ 油气井控制要求;⑩ 固井与完井工艺设计;⑪ 各次开钻或分井段(包括取芯)施工重点要求;⑫ 测井工艺技术要求;⑬ 完井井口装置设计;⑭ 安全环保要求;⑮ 周期计划;⑯ 钻井费用预算。

2.2 钻井设计的考虑因素

在生产中储层评价一般由测井资料按孔隙度变化区间划分为不同的类别。钻井设计中要特别注意低孔渗储层中相对优质(孔隙度较大)的储层,也就是所谓的"甜点"。在地震储层预测中,孔隙度、渗透率预测是一个难点,目前还没有有效的预测方法。

要提高页岩气的产量就必须通过压裂作业对原始地层裂缝状况进行改造,而如何制定合适的压裂技术方案,确保压裂后的裂缝走向、大小和方向都达到最优效果,就需要对地层应力场的大小及方向的分布规律进行研究,同时地应力的大小和方向也是确定钻井液合理密度窗口的重要数据。

2.3　　井身结构设计

页岩气井身结构设计取决于页岩气储层的地质条件,包括储层深度、厚度、渗透率、含气量、含气饱和度、储层压力及含水性,在满足地质条件的情况下,水平井段钻进时,还要结合页岩的渗透性差、地层薄的特点,合理确定水平段长度。

井身结构设计总的原则是:以经济效益为中心,以实现安全、快速钻井为目的。具体要求如下。

(1) 以完钻井井史、测井、测试、试油和试漏等资料建立的地层孔隙压力剖面和破裂压力剖面为基础,以完钻井井身结构资料为依据。

(2) 井身结构设计根据采油工程提出的完井方式和油层套管尺寸、强度等要求进行设计。

(3) 井身结构设计通过多方案对比,从技术经济指标,如钻井速度、钻井成本、油层保护和钻井风险性等方面定性或定量分析进行对比,提出推荐方案。

采用列表及插图的形式分别说明井身结构一开、二开、三开等设计情况及相应的注意事项。

2.4　　丛式井设计

页岩气钻井普遍采用丛式井技术,可采用底部滑动井架钻丛式井组。每井组钻 3 ~ 8 口单支水平井,水平井段间距 300 ~ 400 m。

用丛式井组开发页岩气的优点如下。

(1) 利用最小的丛式井井场,使钻井开发井网覆盖区域最大化,为后期批量化的钻井作业、压裂施工奠定基础,使地面工程及生产管理得到简化(路少、基础设施简单,天然气自发电,管理集中)。

(2) 实现设备利用的最大化。多口井依次一开、固井、二开,再固完井。钻井、固井、测井设备无停待。井深 1 500 m 左右的致密砂岩气井丛式井,单井平均钻井周期仅为 2.9 天,垂深 2 500 m 左右、水平段长 1 300 m 的页岩气丛式水平井平均钻井周期仅为 27 天。

(3) 钻井液重复利用,减少钻井液的交替。多口井一开、二开钻井液体系相同,可重复利用;尤其是三开油基钻井液的重复利用特别重要。

(4) 压裂施工的工厂化流程,能够在一个丛式井平台上压裂 22 口井,极大地提高了效率。

下面以扶余油田某区块为例说明丛式水平井的设计。

难点 1:扶余油田由于征地面积受限、考虑后期修井施工作业,同时为使地下储量尽可能多地得到有效开发,尽量多布井,同一方向甚至布置 3 口水平井,开发 3 个不同层位。当平台井数超过 20 口,为防止相邻井眼相碰及保证下部井段井身轨迹的控制,从整体平台设计考虑,钻井平台规划及井口合理排布难度较大。

难点 2:该地区油层埋藏浅,目的层垂深仅为 330 ~ 470 m,井眼曲率大,井壁摩阻大,且地层松软,严重影响水平井的造斜率,施工难度较大。

难点 3:由于油藏埋深浅,能够提供下行力的垂直井段短、水平位移段相对较大、直井钻机不具备加压能力等,由此带来了大尺寸套管的安全下入问题。

难点 4:定向井优先采用直-增-稳三段制轨迹,双目标大位移井、水平井及阶梯水平井优先采用直-增-稳-增-稳五段制轨迹。由于防碰绕障需要,很多井演变为三维轨迹或手动输入参数计算轨迹,使得轨迹设计难度大。

难点 5:由于受平台面积的限制,每口井井距≤5 m,防碰绕障问题始终贯穿于整个大平台的设计,即钻井施工过程安全,是大平台设计和钻井施工成败的关键。扶余油田经过近 50 年开发,经过三次加密调整井网,井距小、密度大,平台井周围老井较多,防碰绕障任务繁重。

对策 1:由于大平台施工的地面有限,同时尽量多布井,大平台井口采用两排或多排设计。设计同排井邻井相距 5 m,排间距 10 m。按平台井井口整拖方向建立坐标系,根据定向方位所在象限选择井口。设计遵循以下原则:① 按井组的各井方位,尽量均匀分布井口,使井眼轴线在水平投影图上尽量不相交,且呈放射状分布;② 造斜点浅、位移大的井设计在井排两端;③ 同排井越靠近中心点造斜点越深,越远离中心点造斜点越浅,对于呈直线布井的丛式井组,位移大、造斜点高的井与位移小、造斜点低的井要交错设计;④ 由于目的层垂深只有400 m左右,造斜点设计深度有限,故相邻井的造斜点上下相差30~50 m,对无法错开的井可通过调整造斜率及造斜点的高低来解决。

对策2:考虑到井眼曲率大,且地层松软,严重影响水平井的造斜率,施工过程中使用略大于设计造斜率的工具。同时采用略大的造斜工具可以多些转盘钻进有利于减小摩阻,同时设计60°以下井段采用不同的倒装钻具组合,以增加可施加的钻压和降低钻柱摩阻;另外要求井眼轨迹控制平滑,水平段波动幅度尽可能小。

对策3:利用摩阻分析软件,在不同的钻具组合和井身剖面情况下,进行井眼摩阻计算分析,以此优选井身剖面和优化井身结构。做好两个方面,首先是大尺寸套管柱在大曲率井眼安全下入的钻前准确评价,其次是确保完井管柱安全下至预定位置的施工技术。全井的狗腿角之和要尽可能小,全井的狗腿角之和越小,井眼就越平直,轨道就越容易施工,同时全井狗腿角之和最小有利于减小轨道长度和导向钻进段的长度。

对策4:平台定向井优先设计为直-增-稳三段制轨迹类型,在满足中靶及防碰要求下,尽量减少造斜;水平井采用直-增-稳-增-稳五段制轨迹,尽量在探顶之前设计稳斜段,为地质人员准确找到油层增加可控空间。扶余油田经多年注水开发地层压力较大,为满足剩余油藏经济高效的开发,采用二开井身结构。

井眼轨迹控制采取如下措施。

(1)直井段。该丛式水平井井组间井口相距5 m,为防止上部井眼相碰,必须严格控制直井段井斜,直井段钻进使用设计的防斜钻具组合及参数施工,并加密测斜,防止井斜超过预期目标。在钻进过程中,首先根据单点测斜情况,适当调整钻压,保证送钻均匀;然后采用大尺寸钻头喷嘴,减小水力冲蚀作用,防止井径扩大,提高环空返速。

(2)定向造斜段。定向造斜段是该井组施工的关键工艺,直接影响到各井的井身质量、钻进速度和中靶的准确性。施工中每钻进1个单根测斜一次,由于MWD测斜滞后近12 m,需要及时预测井底井斜,并根据实测结果预测井眼轨迹能否达到设计要求,如果不能达到设计要求,需及时采取改变钻具组合或调整钻井参数等措施。

(3)水平段。水平段选用0.75°小弯角螺杆钻具,既能满足水平段轨迹调整要求,又能减小下钻时在大曲率井眼中的阻力,避免下钻遇阻情况的出现。坚持100~120 m短程起下钻,破坏大斜度井段岩屑床,保证井眼通畅。

水平段控制采取如下措施：

（1）掌握地层造斜规律，尽量减少井眼轨迹波动，根据地质导向人员的要求及时调整，同时考虑工程上所能控制的能力和范围，确保轨迹控制满足要求。

（2）密切注意岩屑上返及钻具摩阻、扭矩等情况，采取转盘低转速钻进、控制钻时等必要措施，有效地消除或减小井下复杂隐患，确保井下安全。

对策 5：防碰绕障技术。由于扶余油田开发时间长，老井分布密集，平台井防碰绕障情况很多。平台井靶点前与老井最近距离较小，设计三维轨迹绕障；靶圈内与老井最近距离较小，要求老井封井；靶点后与老井最近距离较小，设计轨迹中靶后扭方位或降斜。通过二维轨迹变化为三维实现防碰绕障。大平台轨迹设计使用美国 PVI 公司的 wellead 软件，防碰扫描采用最近距离法。扶余大平台定向井井靶区为 20 m，在给 MWD 和 LWD 控制精度留足余量的条件下，要求平台井与老井在造斜段防碰扫描最近距离≥15 m，直井段和水平段≥10 m。

2.5   水平井设计

2.5.1   水平井设计原则

水平井主要使用范围如下：薄油层油藏、超稠油和稠油油藏、以垂直裂缝为主的油藏、底水和气顶活跃的油藏、低渗油藏等。

水平井设计与一般定向井、大斜度井设计概念及设计程序是不同的。它是一门综合性多学科的、极其复杂的、相互关联的技术。涉及许多学科门类，如油藏工程、地质工程、采油工程、钻井工程等。具体设计可分成垂直阶段、造斜阶段、水平井眼阶段和完井阶段。垂直井眼阶段所做的设计要与造斜阶段、水平阶段、完井阶段等工艺措施相配套，特别要尽可能打直，为以后各阶段施工创造条件。造斜、稳斜阶段设计要侧重于造斜点和增斜率的选择，以及与水平段设计相同的各种技术要求。水平井眼阶段应包括钻具设计、井下动力钻具性能要求、钻井液选择、水力参数、钻头选择、井控等。完井阶段主要提出对完井工具、工艺技术及采油设备等的要求,以确定最小井眼尺寸、套管程序。在水平井设计时,应按照从储集层物性、完井方法、曲率半径、套管程序、井下测量仪器和工具、地面设备的顺序从上到下进行设计,但在钻井过程中,设计的顺序正好与之相反。

2.5.2　　水平井设计流程

1. 水平井单井设计

1) 以完钻井单井地质模型和连井剖面资料作为单井设计的地质基础

(1) 单井地质模型应将≥0.2 m夹层划出;

(2) 连井剖面井距应在1 500~2 000 m;

(3) 分析研究各类夹层分布规律;

(4) 分析研究孔隙度、渗透率分布特点。

2) 在连井剖面上设计水平井水平段轨迹

(1) 确定水平段点 A 在油层纵向上的位置(根据设计原则可为顶部、中部或某部位)及距油层顶的距离;

(2) 水平段轨迹钻遇储层参数预测,包括孔隙度、渗透率及钻遇夹层百分数;

(3) 点 A、点 B 三维坐标。

3) 油层顶部构造及上部标准层垂深

(1) 根据地层对比成果绘制上部标准层和油层顶部构造图,上部标准层应不少于两个;

(2) 根据构造图确定设计井位各标准层及油层顶部构造垂深。

2. 水平井实施要点

1) 钻导眼井,修改、完善水平井单井设计

(1) 在设计井位(地面)钻导眼井,进行岩屑及电测录取全套资料;

(2) 建立单井地质模型和修改上部标准层和油层顶部构造图;

（3）根据导眼井新资料修改水平井单井设计数据。

2）进入点 A 前的跟踪调整,校对各标准层

（1）进入造斜段后应加密岩屑录井取样密度(每米一包)与电测资料校对各标准层、油层顶部深度,提出油层顶部距点 A 的垂深;

（2）进入油层后利用 LWD 或地质导向技术及岩屑录井样品岩性等资料,根据油层顶部距点 A 的垂深跟踪入靶;

（3）利用 LWD 或地质导向技术跟踪调整入靶前的 x、y 坐标。

3）点 $A—B$ 的跟踪调整

（1）根据点 A 入靶情况,修正 $A—B$ 段轨迹坐标;

（2）按修正后 $A—B$ 段轨迹坐标跟踪入靶;

（3）若钻遇非储层(夹层、水层)应研究调整意见。

3. 水平调整井设计要点

1）老油田水平井剩余油挖潜

（1）剩余油分布研究;

（2）水平井参数优化;

（3）水平井调整前后数值模拟研究,确定增产量,进行经济评价;

（4）钻导眼井录取资料,修改水平井设计;

（5）应用地质导向技术跟踪调整确保钻遇目的层。

2）水平井剩余油挖潜油藏工程研究

（1）剩余油相对富集区要有一定的分布范围,富集区油层厚度与水平段长度比大于 10,随比值增加 20、30、50、100 增产幅度加大;

（2）剩余油相对富集区长度应大于两倍水平段长度;

（3）水平段应避开钻遇各类夹层,应钻在孔隙度、渗透率相对较高的部位。

3）剩余油相对富集区

（1）断层遮挡注采不完善;

（2）微构造脊部;

（3）河道边部;

（4）正韵律顶部;

（5）不同沉积时间单元砂体界面；

（6）水淹较差的复合韵律；

（7）底水油藏的腰部；

（8）薄互层组。

2.5.3　　水平井井眼轨迹设计

水平井井身结构主要是三级结构，如图2-1所示。由于后期加砂压裂，因此对套管及套管头承压能力要求较高，固井质量要好，水泥返高到地面；水平段是套管固井完井。

图2-1　水平井三级井身结构

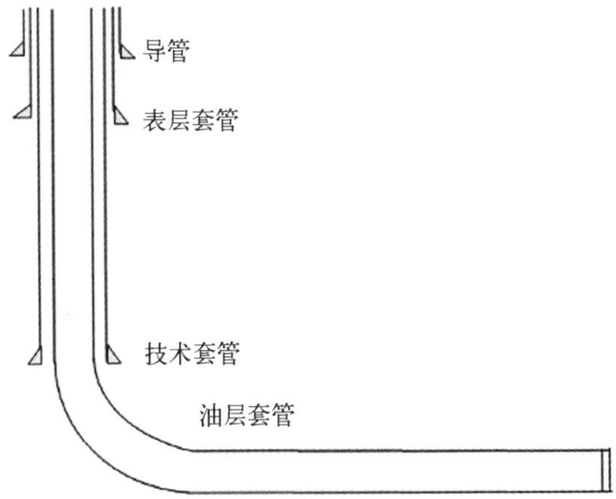

导管

表层套管

技术套管

油层套管

水平井井眼轨迹设计是轨迹控制的基础和依据，是钻井工程设计的重要内容。井眼轨迹设计包括轨迹类型选择、曲率优选、稳斜段长度优选、稳斜角优选等。

1. 井身剖面

从理论上讲，水平井的井身剖面可根据实际需要而设计成多种类型，但实际上应用最多、最有代表性的是以下三种类型。

（1）单弧剖面

又称"直-增-水平"剖面，如图 2 - 2 所示，它由直井段、增斜段和水平段组成，其突出特点是用一种造斜率使井身由 0°造至最大井斜角。这种剖面适用于目的层顶界与工具造斜率都十分确定条件下的水平井。

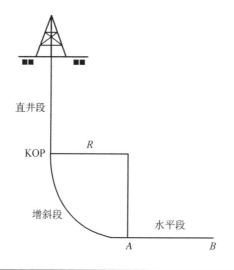

图 2-2　单弧剖面水平
井示意

（2）双弧剖面

又称"直-增-稳-增-水平"剖面，如图 2 - 3 所示，由直井段、第一增斜段、稳斜段、第二增斜段和水平段组成，其突出特点是在两段增斜段之间设计了一段较短的稳斜调整段，以调整由于工具造斜率的误差造成的轨道偏差。这种剖面适用于目的层顶界确定而工具造斜率不是十分确定的情况，是中、长曲率半径水平井比较普遍采用的一种剖面设计。

（3）三弧剖面

又称"直-增-稳-增-稳-增-水平"剖面，如图 2 - 4 所示，其突出特点是在三个增斜段之间相继设计了两个稳斜段，第一稳斜段用于调整由于工具造斜率的误差造成的轨道偏差，第二稳斜段则用于探油顶。这种剖面适用于目的层顶界和工具造斜率都有一定误差的情况，尤其适用于薄油层水平井剖面设计。

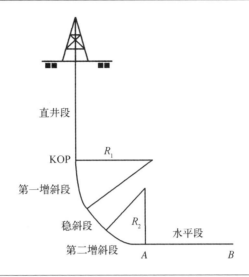

图2-3 双弧剖面水平
井示意

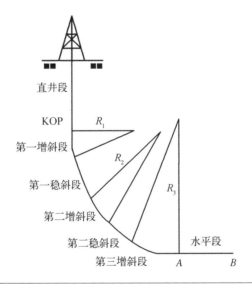

图2-4 三弧剖面水平
井示意

2. 位置与方向

在低渗透的页岩中,油气的产能与岩石裂缝之间存在着一定的关系,水平井能穿过比较多的天然裂缝,同时会形成多条人工裂缝。当岩石产生的裂缝延伸比较远时,水平井的波及体积系数较大,油井的产能比较高而且会保持相对较长的稳产期。所以,为了提高页岩气的采收率,提高对页岩气的开发,要求水平井应尽可能地穿过最多天然裂缝的方向或压裂改造能形成多条垂直于井轴的人工裂缝的方向。一般而言,水平井的走向应横切裂缝。在井孔稳定性方面,井斜方位角在北东 0°~ 40°、160°~ 220°、340°~ 360°方位井壁稳定性较好。在产能方面,若进行压裂投产,当水平井与水平最小主应力方向一致时,则可以形成垂直于水平井井轴的多条人工裂缝,因为垂向裂缝总是平行于最大主应力方向、垂直于最小主应力方向,人工裂缝可以低角度天然裂缝沟通,提高了油井波及体积,因而具有较高产能,稳定性也比较好;当水平井与水平最大主应力方向一致时,则只形成平行于水平井井轴的人工裂缝,此时油井波及体积比前者小,其产能低,井孔稳定性也较差。水平井距主要取决于对裂缝方向和最优化井筒方向的了解,加强对岩石力学的了解,能减少或取消水平井集成射孔,从而能够压裂出主裂缝和纵横交错的裂缝分支。当然,水平井的井距应使单井和邻井之间的裂缝也能交联,使裂缝的实际连通达到最大化,还要考虑是否可采用邻近的 2 口以上的井同时压裂,使气藏在更大的压力下产生更复杂的裂缝系统。

综上,水平井眼位置应选择在低应力区、高孔隙度区、脆性矿物富集区和富干酪根区,为后期压裂提供有利条件。水平井眼方向沿最小水平应力方向钻进,后期压裂裂缝与井眼方向垂直,压裂改造效果较好。

3. 井眼曲率优化设计

根据地层胶结程度及以往钻井经验来选择合适的造斜率,以实现降低钻井施工难度及钻井成本的目的;对于井深比较大、靶前位移比较大的水平井,尽量选择较小的造斜率。在辽河油田,正常情况下的井眼曲率一般为 6°~ 7°/30 m。

4. 靶前位移、稳斜段长度的优选

靶前位移、稳斜段长度是轨迹设计计算中的优选项,需要综合考虑。当水平井靶体位置确定后,靶前位移直接决定了井口位置,它不仅决定了所钻井的井深,而且与钻前工作量有重要关系。稳斜段长度将影响井眼曲率的选择、对轨道调整的效果以及钻井速度等。目前辽河油田的靶前位移一般在 240 ~ 300 m。

5. 水平段升降极限值

条件:初始井斜角为 90°,结束井斜角为 90°。

当增斜段造斜率为 7.5°/30 m 时,降斜段造斜率 3°/30 m,升降极限为 6∶100,如图 2-5 所示。

图 2-5 水平段升降
极限值

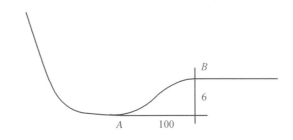

6. 井眼轨迹控制技术要求

井眼轨迹控制的目的是使实钻轨迹≈理论轨迹、准确地钻入靶窗、水平井段符合精度控制,以保证钻井成功率、油层钻遇率。影响井眼轨迹的主要因素有:钻井参数、底部钻具组合(BHA)、已钻井眼几何形状和待钻地层特点等。井眼轨迹控制应从以下几方面入手:井身结构、地质因素、BHA 结构、井眼轨迹监测等。

7. 着陆控制技术要点

着陆控制是指从直井段末端的造斜点(KOP)开始钻至油层内的靶窗这一过程。着陆控制的具体技术要点为:略高勿低、先高后低、寸高必争、早扭方位、稳斜探顶、矢量进靶、动态控制。

8. 水平控制技术要点

水平控制是着陆进靶后在给定靶体内钻出整个水平段的过程。水平控制的具体技术要点为:钻具稳平、上下调整、多开转盘、注意短起、动态监控、留有余地、少扭方位等。

9. 地质误差

工具造斜能力误差和轨道预测误差会导致脱靶失控,给水平井尤其是薄油层水平井的轨道控制带来较大难度。

(1)导眼法

在水平井着陆控制过程中(距预定油顶层面有一定高度),先以一定的井斜角直接稳斜钻入油层,探得油顶和油底深度之后,然后回填井眼至一定高度,再以单圆弧方式进入着陆点。导眼法主要应用在对油顶垂深无把握又缺少相应的标准层可供参考的情况下,采用钻导眼的方案可直接消除地质误差,确切掌握油顶和油底的实际垂深。

导眼法是将单弧法剖面设计改造成"增-稳-增"的剖面设计实施方案,稳斜角一般不太大,而且要在探知油中、油顶后回填一部分井段。

(2)应变法

应变法也是以稳斜井段来探知油顶垂深。但与导眼法的不同之处在于,应变法是在探知油顶后即不再稳斜钻进,而是以设计好的造斜率增斜着陆进靶。应变法的稳斜角相对较大,一般在80°左右,井段不需回填。

10. 防碰扫描设计考虑的因素

防碰扫描设计应考虑如下因素:平台位置、目标位置、钻井顺序、绕障技术、所有邻井等。

2.5.4   钻具组合设计

钻具组合设计是钻井作业的物质基础。钻具组合设计要考虑如下几个基本问题:造斜率原则、井底温度、钻头选型、钻头水眼压降、足够的强度、安装震击器、钻机提升能力、摩阻和扭矩分析等。

以下为常见的几种钻具组合,这些钻具组合不仅在理论分析和计算方面是可行的,而且在水平井钻井实践中得到了广泛的应用和充分的验证。

(1)ϕ311.1 mm 井眼动力钻具造斜组合;

(2)ϕ215.9 mm 井眼动力钻具造斜组合;

(3)ϕ215.9 mm 井眼水平段动力钻具组合;

(4)ϕ152.4 mm 井眼动力钻具造斜组合;

(5)ϕ152.4 mm 井眼水平段动力钻具组合。

2.5.5   钻井液设计

页岩气钻井过程中,尤其是钻至水平段时,由于储层的层理或裂缝发育、蒙脱石等吸水膨胀性矿物组分含量高,而且水平段设计方位要沿最小主应力方向,是最不利于井眼稳定的方向,因此,钻井液体系选择要考虑的因素主要有: 防止黏土膨胀、提高井眼稳定性、预防钻井液漏失、提高钻速和保护油层。

钻井液设计是水平井钻井工程技术的重要组成部分,它对井眼净化、井壁稳定、降低摩阻、防漏堵漏、保护油气层等有着重要的意义。钻井液设计主要包括钻井液和完井液体系选择以及密度、流变参数、滤失量、润滑性能等主要指标的确定。直井段(三开前)对钻井液体系无特殊要求,主要采用水基泥浆,水平段钻井液主要采用油基泥浆。

2.5.6 固井与完井设计

一般认为,页岩气井的钻井并不困难,难点在于完井。由于页岩气大部分以吸附态赋存于页岩中,而页岩渗透率低,既要通过完井技术提高其渗透率,又要避免地层损害,这是施工的关键,直接关系到页岩气的采收率。因此在固井、完井方式、储层改造方面有其特殊要求。页岩气井通常采用泡沫水泥固井技术。泡沫水泥具有浆体稳定、密度低、渗透率低、失水小、抗拉强度高等特点,因此具有良好的防窜效果,能解决低压易漏长封固段复杂井的固井问题。而且水泥侵入距离短,可以减小储层损害。根据国外经验,泡沫水泥固井比常规水泥固井产气量平均高出23%。

完井是钻井中的一项工艺技术,在一口井中选择并安装完井和采油设备,使其达到最佳采油效果。

常规水平井完井方法可归纳为以下7种: 裸眼完井、筛管完井、注水泥完井、预充填筛管完井、筛管和封隔器完井、封隔器注水泥完井和砾石充填完井。

页岩气井的完井方式主要包括组合式桥塞完井、水力喷射射孔完井和机械式组合完井。组合式桥塞完井是在套管井中,用组合式桥塞分隔各段,分别进行射孔或压裂,这是页岩气水平井常用的完井方法,但因需要在施工中射孔、坐封桥塞、钻桥塞,所以也是最耗时的一种方法。水力喷射射孔完井适用于直井或水平套管井。该工艺利用伯努利原理,从工具喷嘴喷射出的高速流体可射穿套管和岩石,达到射孔的目的。通过拖动管柱可进行多层作业,免去下封隔器或桥塞,缩短完井时间。机械式组合完井采用特殊的滑套机构和膨胀封隔器,适用于水平裸眼井段限流压裂,一趟管柱即可完成固井和分段压裂施工。目前主要技术有 Halliburton 公司的 DeltaStim 完井技术,施工时将完井工具串下入水平井段,悬挂器坐封后,注入酸溶性水泥固井。井口泵入压裂液,先对水平井段最末端第一段实施压裂,然后通过井口落球系统操控滑套,依次逐段进行压裂,最后放喷洗井,将球回收后即可投产。膨胀封隔器的橡胶在遇到油气时会发生膨胀,封隔环空,隔离生产层,膨胀时间可控。

2.6 欠平衡与气体钻井设计

采用欠平衡钻井技术,实施负压钻井,可有效避免损害储层。欠平衡钻井技术有助于保护储层和提高钻速,在成本允许的情况下应该尽可能应用。至今尚未发现用气体钻井的情况,页岩气储层产气量小,若不含水,可以尝试使用空气钻井技术或雾化、泡沫钻井技术,进一步提高机械钻速,并保护储层。

2.7 测量要求

非常规油气的开发必须依靠准确的地质导向设备,现在已研制出一种新型的随钻方位侧向电阻率测井仪器,它在复杂页岩气、煤层气、甲烷气的评价中用于地质导向和评价地层,可以通过电阻率的高低来判断储层较远处的边界。这种设备在页岩气开采中具有绝对优势,因为常规的依靠泥浆传播信号的设备只对附近异常信号有反应,但在页岩气开发中,目的层的电阻率要比它周围岩层的电阻率低,或者在钻孔穿越故障时,目的层的电阻率较高,但是方位却不清楚。这种设备可以准确地测量在 $0.2 \sim 20\,000\ \Omega \cdot m$ 范围内的电阻率,同时可以探测厚度仅为 $0.14\ m$ 的薄层,所以在运用时可以探测出更多的薄层,节约了成本,增加了产量。这种技术同时将自然伽马测井仪与随钻测井仪相结合,对地下地质情况的测量预测更加准确,使水平井技术的应用更加广泛。

第 3 章

钻头与钻具组合

3.1　　　钻头优选

　　钻头质量的好坏、钻头类型与地层岩性是否适应,对加快钻井速度和提高单只钻头进尺起着重要的作用。钻一口油气井一般要使用不同尺寸的多只钻头,在钻上部地层时要使用直径较大的钻头,因钻头钻进的地层较软,单只钻头进尺多、使用的时间短,一个钻头一般可重复使用几口井;而在钻下部地层时要使用直径较小的钻头,因地层硬、单只钻头的进尺少,一般要使用多只钻头。一只下井新钻头钻井进尺的多少主要取决于钻头的尺寸、类型、地层的软硬和钻进参数的配合。一般来说,钻头尺寸越小、地层越硬,进尺越少;钻头尺寸越大、地层越软,钻头进尺就越多。

3.1.1　　　牙轮钻头

　　牙轮钻头是使用较为广泛的一种钻井钻头。牙轮钻头工作时切削齿交替接触井底,破岩扭矩小,切削齿与井底接触面积小,比压高,易于吃入地层;工作刃总长度大,因而相对减少了磨损。牙轮钻头能够适应从软到坚硬的多种地层。

　　牙轮钻头作为一种钻削岩层的工具已被广泛应用。确定钻头影响钻井成本的程度取决于钻头的使用寿命和机械钻速两个性能指标。因此,提高钻头的机械钻速和使用寿命是降低钻井成本的有效途径。有资料证实,提高机械钻速比延长钻头寿命对降低钻井成本的影响更大。其中,钻头切削结构的改进是提高钻头的机械钻速最直接的方法。长期以来,人们对切削结构的改进主要集中于主切削齿结构,例如在硬质合金齿结构方面,先后发明了楔形齿、勺形齿、偏顶勺形齿、磨损齿等。之后人们逐渐认识到保径结构也对钻头机械钻速和寿命有较大影响,尤其是大斜度井和水平井应用的钻头更要求具有合理的保径结构。目前应用到牙轮钻头上的许多新型保径结构都取得了良好的效果。

　　从钻头厂商和研究机构对三牙轮钻头保径结构研究应用动态可以看出,人们逐渐认识到保径结构对钻头机械钻速和寿命有较大影响,尤其是在定向井和水平井中应用的钻头影响更大,研究开发的新型钻头保径结构在牙轮钻头应用中取得了很好的效果。牙轮钻头经历了保径结构从被动保径到主动保径、保径材料从低耐磨材料发展到高耐磨复合材料等过程。钻头保径结构和材料的改进大大提高了钻头性能,进一步提高了钻头的机械钻速和寿命。与国外相比,国内在保径结构及材料研究方面仍有一定差距,因此,国内相关钻头研究机构和厂商应进一步加强对保径结构及材料的研究,尤其注重在钻头中研究应用一些主动保径结构,进一步提高国产牙轮钻头性能,为钻井用户提供适应钻井新工艺的高效钻头。

石油钻井和地质钻探中应用最多的还是牙轮钻头。牙轮钻头在旋转时具有冲击、压碎和剪切破碎地层岩石的作用,所以,牙轮钻头能够适应软、中、硬的各种地层。特别是在喷射式牙轮钻头和长喷嘴牙轮钻头出现后,牙轮钻头的钻井速度大大提高,是牙轮钻头发展史上的一次重大革命。

牙轮钻头按牙齿类型可分为铣齿(钢齿)牙轮钻头、镶齿(牙轮上镶装硬质合金齿)牙轮钻头;按牙轮数目可分为单牙轮钻头、三牙轮钻头和组装多牙轮钻头。国内外应用较多、比较普遍的是三牙轮钻头。三牙轮钻头是石油钻井的重要工具,其工作性能的好坏将直接影响钻井质量、钻井效率和钻井成本。

江汉钻头厂生产的 215.9 mm 金属密封镶齿三牙轮钻头,其主要特点介绍如下。

(1)采用浮动轴承结构,浮动元件所用新材料具有高强度、高弹性、高耐温、高耐磨等特点,其表面经过固体润滑剂处理,可减少摩擦面温升,可显著提高钻压,或在高转速钻井工艺条件下延长轴承寿命和可靠性。

(2)采用高精度的金属密封。金属密封由作为动密封的一副金属密封环和作为静密封的两个高弹性供能圈组成,合理的密封压缩量可确保两个金属环密封表面保持良好接触。

(3)钢球锁紧牙轮,适应高转速。

(4)采用全橡胶储油囊,可限制压差并防止钻井液进入润滑系统,保证了轴承系统良好的润滑环境。

(5)采用可耐 250℃ 高温、抗磨损的新型润滑脂。

(6)镶齿钻头采用高强度高韧性硬质合金齿,对齿排数、齿数、露齿高度和合金齿外形进行优化设计,使镶齿钻头高耐磨性和切削能力得到充分发挥。钢齿钻头齿面敷焊新型耐磨材料,不但可以保持钢齿钻头的高机械钻速,还提高了钻头切削齿的寿命。

H 系列 O 形橡胶密封滑动轴承钻头具有如下主要特点。

（1）采用高强度高韧性硬质合金齿,提高了齿的抗冲击能力,降低了断齿率;

（2）优化设计的齿排数、齿数、露齿高度和独特的合金齿外形,充分发挥了钻头切削能力和切削速度;

（3）采用卡簧锁紧牙轮,能承受高钻压;

（4）牙轮内孔镶焊减磨合金,提高了轴承的抗咬合能力;

（5）采用高饱和丁腈橡胶 O 形密封圈,优化的密封压缩量提高了轴承密封的可靠性;

（6）采用全橡胶储油囊,可限制压差并防止钻井液进入润滑系统,保证了轴承系统良好的润滑环境,使得 O 形密封圈可以正常工作,提高了钻头工作寿命;

（7）采用可耐250℃高温、低磨损的新型润滑脂,提高了钻头密封润滑系统耐高温的能力。

3.1.2　　金刚石钻头

以金刚石作切削刃的钻头称为金刚石钻头。该钻头属一体式钻头,整个钻头没有活动的零部件,结构比较简单,具有高强度、高耐磨和抗冲击的能力,是 20 世纪 80 年代世界钻井三大新技术之一。现场使用证明,金刚石钻头在软-中硬地层中钻进时,有速度快、进尺多、寿命长、工作平稳、井下事故少、井身质量好等优点。金刚石钻头不仅使用时间长,还可以重复利用,返厂修复的金刚石钻头使用起来和刚出厂的金刚石钻头使用效果差不多,节省了大量的钻井成本。

金刚石钻头的破岩作用是由金刚石颗粒完成的。在坚硬地层中,单粒金刚石在钻压作用下使岩石处于极高的应力状态(约 4 200 ~ 5 700 MPa,有资料认为可达 6 300 MPa)下,岩石发生岩性转变,由脆性变为塑性。单粒金刚石吃入地层,在扭矩作用下切削破岩,切削深度基本上等于金刚石颗粒的吃入深度。这一过程如同"犁地",故称为金刚石钻头的犁式切削作用。

在一些脆性较大的岩石(如砂岩、石灰岩等)里,钻头上的金刚石颗粒在钻压、扭矩的同时作用下,破碎岩石的体积远大于金刚石颗粒的吃入与旋转体积。当压力不大时,只能沿金刚石的运动方向形成小沟槽,加大压力则会使小沟槽深部与两侧的岩石破碎,超过金刚石颗粒的断面尺寸。

金刚石钻头的破岩效果,除与岩性以及影响岩性的外界因素(如压力、温度、地层流体性质等)有关外,钻压大小也是重要的影响因素。它和牙轮钻头一样,破岩时都有表层破碎、疲劳破碎、体积破碎三种方式。只有当金刚石颗粒具有足够的比压吃入地层岩石,使岩石发生体积破碎时,才能取得理想的破岩效果。

金刚石钻头具有如下特点:

(1)力平衡设计使钻头具有良好的导向性,配合井下马达应用于定向钻井,具有较小的径向震动;

(2)不同结构的专利PDC复合片在钻头不同位置的合理布置使钻头具有较强的攻击性和抗研磨性;

(3)强攻击性设计可使钻头获得较高的机械钻速;

(4)动态流场模拟技术应用于水力设计,使井底流场最优化,有利于提高排屑速度和防泥包。

贝克休斯公司针对不同地层生产了多种型号的金刚石钻头,具体说明如下。

1. 12 – 1/4″[①] TD506X 金刚石钻头

贝克休斯 TD506X 金刚石钻头胎体6刀翼,16 mm,抛光齿,如图3-1所示。

图3-1 12-1/4″ TD506X
金刚石钻头

---

① ″代表 in,1 英寸(in)=2.54 厘米(cm)。

2014 年 2 月在焦页 16 - 1HF 井钻进 1 080～2 232 m 井段。该井段地层：茅口组，栖霞组，梁山组，韩家店，石牛栏，龙马溪；地层岩性：灰岩，白云岩，泥质砂岩，浊积砂，页岩。

使用效果：钻头进尺 1 152 m，平均机械钻速为 6.54 m/h（新纪录）；与邻井相比，节省了 6 趟钻；机械钻速较邻井提高 93%，邻井平均机械钻速 3.4 m/h；定向井配合螺杆造斜率满足要求，工具面稳定。

2. 8 - 1/2″ TD505S 金刚石钻头

贝克休斯 TD505S 金刚石钻头胎体 5 刀翼，16 mm 双排齿，如图 3 - 2 所示。

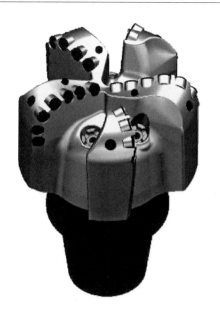

图 3 - 2　8 - 1/2″ TD505S
金刚石钻头

2014 年 4 月在川西新 505 井钻进 3 140～4 049 m 井段（垂深 2 900 m）。该井为须家河 5 段水平井，地层岩性：泥岩，粉砂岩，细砂岩互层。

使用效果：钻头进尺 903 m，平均机械钻速为 6.88 m/h；一只钻头完成整个水平段，创该区块单只钻头纪录。与邻井相比，节省了 3 天纯钻进时间，机械钻速较邻井提高 50%。完成该井作业后钻头情况良好，新度 80%，良好控制工具面，造斜率完全满足要求。

3. Kymera™ 混合型金刚石钻头

贝克休斯的 Kymera™ 混合型金刚石系列钻头，最小尺寸为 155.6 mm，最大尺寸

711 mm。具有金刚石钻头切削及牙轮钻头高抗压强度优点,可以同时发挥 PDC 钻头优越的切削破岩机理及牙轮钻头的冲击破碎机理。

在塑性地层(比如页岩)、硬地层、交互层等复杂地层中,单纯的 PDC 钻头或牙轮钻头钻井效果不尽如人意。针对这种情况,贝克休斯公司推出了一种集 PDC 钻头和牙轮钻头于一身的混合型钻头——Kymera^{TM}混合型金刚石钻头,如图3－3所示。

图3－3 贝克休斯
Kymera^{TM}金刚石钻头

该混合型钻头的破岩方式既有 PDC 钻头的剪切破岩,也有牙轮钻头的冲击压碎破岩,钻头的轴向震动更小,方向控制性更好,适应地层范围更宽,尤其适合钻页岩地层和交互地层,钻速更快,进尺更多,寿命更长。

2011 年,Kymera^{TM}混合型钻头已投入商业应用,在页岩地层和交互地层取得了很好的应用效果,具有钻速快、进尺多、寿命长的优点。

Kymera^{TM}混合型钻头是钻头发展历程中的又一个重大技术突破,具有里程碑意义,标志着一种新的钻头类型的出现,即混合型钻头。

由宝鸡石油机械成都装备制造分公司研制的牙轮－PDC 复合钻头在四川麻002－H1 井须家河组(须四－须二)成功完成试验。试验从井深954.73 m 顺利钻进至1 232.73 m,总进尺278 m,平均机械钻速4.21 m/h,机械钻速同比麻6 井提高了23.46%。出井后钻头胎体、新度保持较好,钻头工作稳定性较 PDC 钻头显著提高。

4. Talon 3D 金刚石钻头

贝克休斯 Hughes Christensen Talon^{TM} 3D 高效、矢量精准 PDC 钻头能提高非常规

地层操作中的机械钻速、钻井效率和定向控制。单片式钢体构造增加了液压和机械效率,同时其短小钻头弯曲尺度能够提供更好的造斜钻探并延长寿命。

较短的钻头弯曲尺度可以提高常规和旋转导向钻具系统的方向控制能力,促进导向能力和造斜能力,发挥最佳性能,以超常速度钻探水平井段到达产油区域。

Talon 3D 钻头的设计与生产使其能够适应各种钻井环境。每个钻头都采用新的贝克休斯 StayTough™ 耐磨堆焊,结合先进的冶金技术与精确的焊接程序,使钻头具备最佳耐用性能。

贝克休斯专有的耐磨堆焊程序能够减少钻头腐蚀并防止岩层和钻屑对钻头体造成损害。提高钻头运行寿命在钻探弯曲段或水平段时能够更加快速、可靠,并且需要钻头数量少,有利于施工方重新确定传统区间井的建设规划。使用专利技术的高合金钢还能增加钻头完整性和可靠性。

这种一片式钢体 PDC 钻头能够提供优越的方向控制,增加排屑槽面积,降低排屑阻力。滑钻次数减少且钻进速率提高,使 Talon 3D PDC 钻头能够在单次运行中成功地完成整个水平段的钻探,单次运行进尺深度增加了 53%,钻井时间减少了 36 h。Talon 3D 金刚石钻头如图 3-4 所示。

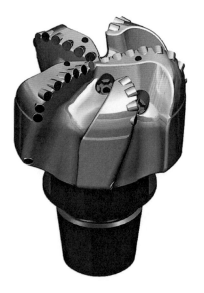

图 3-4 贝克休斯 Talon 3D 金刚石钻头

3.2　　　优化钻具组合

在钻井过程中,将方钻杆、钻杆、钻铤等用各种接头连接起来组成入井的管串称为钻柱。钻柱有以下基本作用。

(1)通过它将钻头下到井底和提升到地面。钻井过程中,无论钻头能钻多深,都必须通过钻柱来实现。

(2)钻柱的钻铤部分是加钻压用的,使钻头能更有效地吃入地层(禁止用钻杆部分来加压,否则钻杆磨损快、断裂快),并能防斜。

(3)将旋转运动传给钻头,钻杆可以看作是一根由转盘驱动的传动轴。

(4)钻柱将钻井液从地面传送到钻头处,因而,钻柱也是一根竖直的导管。

(5)进行特殊作业,如挤水泥、处理井下事故等。钻柱是联通地面和地下的枢纽,工作条件十分复杂,正确的管理、使用钻柱是非常重要的。

1. 钻铤

将钻铤接在钻头上面,主要是给钻头施加钻压和防止井斜,因为其壁厚且粗大,单位长度重量大。壁厚一般是 38~53 mm,相当于同尺寸钻杆的 4~6 倍。它的直径一般与钻杆接头直径相等。这样可以增强刚度,受压时不易弯曲,因而有利于钻直井眼。

2. 钻杆

钻杆是钻柱的基本组成部分。它是用无缝钢管制成,壁厚一般为 9~11 mm。其主要作用是传递扭矩和输送钻井液,并靠钻杆的逐渐加长使井眼不断加深。因此,钻杆在石油钻井中占有十分重要的地位。

3. 方钻杆

方钻杆位于钻柱的最上端,有四方形和六方形两种。钻进时,方钻杆与方补心、转盘补心配合,将地面转盘扭矩传递给钻杆,以带动钻头旋转。

4. 稳定器

在钻铤柱的适当位置安装一定数量的稳定器,组成各种类型的下部钻具组合,如图 3-5 所示,可以满足钻直井时防止井斜的要求,钻定向井时可起到控制井眼轨迹的作用。此外,稳定器的使用还可以提高钻头工作的稳定性,从而延长使用寿命,这对金刚石钻头尤为重要。

图3-5 各种类型的下部钻具组合

5. 井下动力钻具

井下动力钻具也称螺杆钻具、泥浆马达等,如图3-6所示。其原理是利用泥浆经

图3-6 螺杆钻具

过螺杆钻具时消耗部分压降,从而在螺杆上产生扭矩和转速,传递给钻头即可实现持续破岩钻进。

井下动力钻具具有以下特点:

(1)由于自带动力,适用于定向井和水平井的滑动钻进,特别是不需要扭方位的二维定向井和水平井的滑动钻进;

(2)如果同时采用旋转钻进,即复合钻进模式,机械钻速会得到极大提高;

(3)适用于储层有效厚度大的地层;

(4)适用于地层稳定,水平段井眼轨迹调整不频繁的定向井和水平井钻进。

3.3   合理的摩阻计算

在水平井钻井过程中,钻井管柱的下入摩擦阻力及强度问题是不可忽视的。钻井管柱在进入到弯曲井段后,由于钻井管柱刚度的存在而产生很大的弯矩,且井眼轨迹为不规则的空间曲线,管柱在下入过程中会与井壁大面积接触,这更增大了管柱与井壁之间的接触压力,并且由于管柱自重的影响,使得完井管柱在下入过程中受到较大的摩擦阻力。摩擦阻力是水平井钻井、完井设计、管柱与井眼相容性及施工的核心问题之一。

3.4   井眼清洗

自井筒内除去钻屑是钻井作业中非常重要的部分。任何井眼都应保持有效的清洗;无法有效清除钻屑将导致大量钻进复杂情况:起钻时超提力太大、转盘扭矩高、卡钻、井眼堵塞、地层破裂、钻速低、循环终止等。所有这些不仅对大位移井而且对近垂直井(井斜<30°)都是潜在的问题。但总体看来,井眼清洗在近垂直井中问题不大。

井眼清洗质量取决于各种泥浆性能优化以及对钻进参数的选取。当遇到问题时，必须了解问题的实质以及产生原因何在,这样可以集中考虑其中几项以定出最合适的措施。

在井斜小于30°的井中,岩屑能够被泥浆切力有效地悬浮,不会产生岩屑床。在这种情况下,常规的基于钻屑垂直滑脱的返速计算仍适用。这些小斜度井环空返速通常要比直井大20%~30%。超过30°的井,钻屑会在井眼底边沉积成床,并可能沿着井筒下滑引起环空堵塞。沉积在井眼底边的钻屑要么作为一个滑动的岩屑层整体移动,要么交替地在泥浆与沉积层的界面上像涟波或沙丘那样运动。环空内的流型主要取决于泥浆排量和流变性。低屈服值的稀泥浆容易形成紊流,使岩屑跳跃式搬运。高屈服值的稠泥浆提高了流体剪切力,会引起岩屑床滑动。

泥浆流变性对井眼清洗的影响主要取决于环空内的流态。环空内为层流时,增大泥浆黏度可以提高井眼清洗质量;为紊流时,降黏会有利于清除钻屑。泥浆流速提供携砂出井口的举升力。排量对大位移井的井眼清洗是非常重要的因素,而直井中的岩屑清除速度随环空返速及流变能力增加而增加。

井眼直径对环空返速影响很大。例如将 17 - 1/2″变为 16″将提高环空返速约20%。

泥浆比重通过钻屑浮力影响井眼清洗。随着比重增加,钻屑就越容易返出井口,井眼清洗也就越容易了。实际上,泥浆比重的范围主要是受钻进因素(井壁稳定、当量循环密度、压差卡钻等)的影响。

井眼清洗取决于岩屑的大小和密度两个方面。岩屑大小、密度的增加都将加大岩屑的下滑速度,这就使清除岩屑变得更加困难。较高的岩屑滑脱速度可以通过提高泥浆屈服应力和静切力来克服。极端情况下还可以选用能产生细小钻屑的钻头来降低岩屑的下滑速度。

钻屑量随钻速的加快而增加,会导致岩屑富积于环空内。环空内有效泥浆密度较高时,循环压力也会增高,而泵压又会限制排量。

在斜井中用高速旋转钻柱的方法机械地搅动岩屑床,可以有效地将岩屑重新携带进泥浆流中清除掉。钻柱旋转在近垂直井中对井眼清洗基本没有显著效果。

欠平衡压力钻井

4.1　　　欠平衡压力钻井概念

油气层伤害的主要形式包括：（1）泥浆滤液侵入地层，与地层中的黏土发生水化反应，造成黏土膨胀、分散、运移，堵塞孔隙喉道；（2）泥浆滤液与地层流体发生化学反应，产生水锁、乳化、润湿反转和固相沉淀，从而堵塞孔隙喉道；（3）泥浆固相直接堵塞孔隙喉道。

以上三种形式的地层伤害，其程度大小都与泥浆柱在井底产生的压力和地层孔隙压力的差值大小有很大关系，压力差值越大，对地层的伤害越严重。

根据井底压差的大小，将钻井分为以下四种形式：

（1）超平衡压力钻井——钻进时井底泥浆液柱压力高于地层孔隙压力；

（2）近平衡压力钻井——钻进时井底泥浆液柱压力略高于地层孔隙压力；

（3）平衡压力钻井——钻进时井底泥浆液柱压力等于地层孔隙压力；

（4）欠平衡压力钻井——钻进时井底泥浆液柱压力小于地层孔隙压力。

由于井筒泥浆液柱压力低于所钻储层的孔隙压力，地层中的流体就有可能进入井筒，欠平衡钻井时就必须对流入井筒的地层流体加以控制，以保证钻井的顺利进行。

欠平衡钻井并非适用于所有的地层，它对地层有以下几点要求：

（1）储层岩石强度高，井壁稳定；

（2）地层孔隙压力清楚；

（3）所钻储层中不能含有 H_2S 等有毒气体；

（4）地层压力低、裂缝少、产量不是很高的井；

（5）裸眼压力系数相差不大的井。

由于欠平衡钻井中井筒液柱压力始终小于储层孔隙压力，所以可以提高机械钻速，延长钻头的寿命，以减少或消除漏失和压差卡钻；由于是地层流体流入井筒而不是钻井液流入地层，所以能减轻或消除钻井液直接对地层的侵入伤害，可大大提高产层的初期产量。同时，欠平衡钻井过程（尤其当设计和执行不合理时）也存在潜在的不利因素，这些因素包括：

（1）井眼稳定性和牢固性问题；

（2）在高压或酸性环境下的安全和井控问题；

（3）增加钻井成本；

（4）不能将常规的 MWD 技术用于钻杆注气技术；

（5）对流自吸效应；

（6）高渗透率地层的重力驱油效应，即使在不变的欠平衡流动条件下；

（7）冷凝脱落或气体释放效应；

（8）近井眼的机械损害，如磨光或压碎；

（9）如果用空气或含有氧气的气体来产生欠平衡条件，则会产生腐蚀问题增大的趋势；

（10）欠平衡条件的不连续性。

4.2　　　欠平衡压力钻井的特性

欠平衡压力钻井具有如下优点。

（1）减轻了对地层的伤害，解放了油气层，提高了油气井产能。

（2）在钻井过程中允许地层流体进入井筒，有利于识别和准确评价油气藏。

（3）欠平衡压力钻井时井底岩石更容易破碎，井底也更易清洗，减轻了钻头的磨损，提高了钻头的使用寿命，机械钻速得到明显提高。

（4）减少或避免了压差卡钻和井漏事故的发生。由于井内液柱压力的降低，有效减少了压差卡钻和压漏地层等井下复杂情况发生的可能性，大大缩短了非生产时间，确保了钻井安全。

（5）在欠平衡钻井过程中井口防喷器一直处于安全关井状态，有利于增加防喷能力，降低井喷失控的风险。

（6）如果在钻井过程中遇到油气产层，产层中的油气有控制地进入井筒，并与钻井液一起循环到地面，经过地面装置的分离和处理而得到油气，实现在钻井过程中生产油气。

对于水平井钻井，由于产层裸露的面积大、时间长，出现地层伤害的可能性更高，伤害程度也更严重,合理运用欠平衡钻井技术对解决上述问题非常有利。

4.3　欠平衡压力钻井的技术关键

欠平衡压力钻井的技术关键包括欠平衡钻井设计、欠平衡条件保持和欠平衡钻井作业控制技术。

4.3.1　欠平衡压力钻井设计

根据地层孔隙压力、井壁稳定性、地层流体的流动特性和对地层流体的地面处理与控制能力来确定井底泥浆液柱压力与地层孔隙压力的差值。当地层孔隙压力一定时,该压差仅与井底压力有关,所以有效地控制井底压力,就能保持压差的稳定。

影响井底压力稳定的因素很多,包括地面设备的工作状态、地层流体产出状态、岩屑产量形状尺寸、井底清洗效果、井眼的几何形状、钻柱的几何尺寸、接单根、起下钻、局部地层压力亏空效应等,导致欠平衡压力钻井的井底压力的计算相当复杂,而且难以精确计算。而井底压力计算又是欠平衡压力钻井设计的一项关键工作,必须进行较为精确的计算。为此,国内外发展了欠平衡钻井井底压力的稳态和动态模拟计算软件,这样就可在欠平衡压力钻井施工前对大量可供选择的钻井设计进行评价和优选。

所谓稳态,就是认为岩屑的返速与环空中流体的返速相同、地层流体均匀进入井内、整个系统按牛顿流体考虑,通过计算叠加得到井底压力。

但在实际的欠平衡钻井施工中,有很多情况会引起压力波动,井筒内的流体也不可能或很难形成稳定流,从而造成井底压力也是波动的。在这种情况下,井筒内的流体被视为动态的非线性两相流或多相流系统。在欠平衡钻井作业中,有不少作业要求经常中断井眼内的非线性多相流系统,例如接单根、起下钻、改变注气速度、测试以及其他测量作业等,对于这些作业,若能采取必要的、合理的措施,就可以将井底压力波动降至最小,使其平稳在平均值附近,而且大部分的扰动也会很快消失。

接单根过程中造成的压力波动主要是由于停止循环失去了循环压降,造成地层流体的产出增加,同时系统中的流体产生分离。失去循环压降可以通过增加井口回压来加以补偿。系统中流体的分离是时间的函数,可以通过减少接单根的时间和在钻具上安装浮阀来减少停止循环期间的流体分离。采用顶部驱动装置,进行立根钻进可以大大减少接单根的次数,缩短停止循环的时间。

欠平衡钻井起下钻时常用静液压力将井压住,压井所用流体最好是油层部位的自然流体,这样对地层的伤害最小。此外,起下钻时要严格控制起下钻速度,将动态效应降至最低限度。

欠平衡条件(负压差)的产生有两种方法:(1)采用常规钻井液密度,边钻边喷。这种方法适用于孔隙压力较高的地层,用常规钻井液使循环液柱的井底压力低于地层孔隙压力,自然就处于欠平衡状态。(2)人工诱导产生欠平衡条件。可以直接采用低密度钻井液,如气化的水基或油基钻井液,气雾或泡沫钻井液等。也可以向钻井液中注入一种或多种不凝固、无毒、安全、经济的气体,即非凝气,如液氮、净化废气、甲烷气等,以降低钻井液的基液密度。

非凝气的注入方法包括以下几种。

(1)两相注气法,即将非凝气与钻井液混合,然后再注入井内。

(2)附加管注气法,即将软管从地面连接到技术套管底部的旁通注气接头上,附在套管外侧随套管一起下井并固井。钻井时气体通过附加管柱注入环空,而钻井液从钻杆内注入。

(3)微环空注气法,即在已经固井的套管内下入内层套管,悬挂在井口。钻井过程中从套管的环空注入气体到钻杆和套管的环空,与从钻杆注入的钻井液混合后上返至地面。

4.3.2　欠平衡压力钻井控制技术

井口压力控制是欠平衡钻井作业的关键技术之一。与常规钻井不同,欠平衡钻井允许地层流体进入井内,因此井控作业始终伴随着钻进过程。

而压力控制的关键是欠压值 Δp 的确定。井控技术是保证近欠平衡钻井作业安全的基础技术,其核心是尽早发现溢流,并迅速排除溢流;而欠平衡钻井作业是在井口施加一定回压,并且有控制地使地层流体连续循环到地面。根据回流到地面上的流体量和实时监测的钻井数据,以及立管和套管压力与实际井底压力之间的关系来确定钻井液的密度和井口回压的大小,从而来控制井底的负压。井口回压的计算方法主要有以下两种:一种是利用立管压力控制井底负压差的计算方法,另一种是利用井口回压控制井底负压差的计算方法。第一种方法是根据钻井液流体总流的伯努利能量方程,可以得出立压与井底压力之间的关系式:

$$p_{\mathrm{b}} = p_{\mathrm{s}} + \rho m g H - p_{\mathrm{j}} - p_{\mathrm{d}} \tag{4-1}$$

式中　p_{s}——立管压力,kPa;

　　　p_{b}——井底压力,kPa;

　　　p_{j}——钻头压降,kPa;

　　　p_{d}——钻柱内循环压耗,kPa。

当井内气体从储层中流出时,泥浆的密度减小。随着气体量的增多,计算得到的井底压力逐渐下降,在立管上的压力值也会表现如此。

第二种方法是利用环空气液两相流数学模型推导出井口回压的计算公式为负压差控制,关系式如下:

$$p_{\mathrm{a}} = \frac{2.30 Q_{\mathrm{go}} p_{\mathrm{o}} Z_{\mathrm{o}} T_{\mathrm{o}}}{Q_{\mathrm{mo}} Z_{\mathrm{r}} T_{\mathrm{r}}} \lg \frac{p_{\mathrm{o}} + \rho_{\mathrm{mo}} g H}{p_{\mathrm{o}}} \tag{4-2}$$

式中　Z_{r}——气体平均偏差因数;

　　　Z_{o}——气体地面偏差因数;

　　　T_{r}——井筒平均温度,K;

　　　T_{o}——地面温度,K;

　　　Q_{mo}——地面脱气后钻井液返出流量,L/s;

　　　Q_{go}——地面钻井液注入流量,L/s;

ρ_{mo}——气侵前钻井液在地面的密度,kg/L;

p_{o}——环空地面压力,kPa;

H——井深,m。

但是在现场操作时,不可能保证立压值保持不变,同时,地层产出的油气也不是一个稳定量,因此,井口回压应根据立管压力随时调整,如果井口回压上升到接近旋转控制头的工作压力时,应停止钻进,迅速关闭环形或闸板防喷器,待排除井口附近高压油气,使井口压力正常后,再恢复欠平衡钻井作业。因此,要求现场操作人员必须熟练地掌握常规井控技术。

4.3.3   产出流体的地面处理

在欠平衡压力钻井过程中,地层流体有控制地流入井筒,并随钻井液一起循环到地面,使钻井液的密度和流变性都发生了变化,为保证重新泵入井内的钻井液能满足设计要求,必须对产出流体进行处理。

处理所用设备为三相分离器或四相分离器,其作用是在钻井过程中,将井筒内返出的流体进行连续的分离处理,分离出岩屑、水、油、天然气,并分别予以回收。

需要特别注意的是,由于产出流体中可能含有毒或可燃流体(如加入的非凝气甲烷气,或地层中的油或气等),要求设备在井场合理布局,避免作业人员暴露于有毒气体或可燃流体中,与井口和火源要保持足够的安全距离。

4.3.4   套管阀及其工作原理

欠平衡作业期间,为了避免潜在的地层伤害,在钻井过程中允许地层流体流出,这样就会在井口产生溢流,或环空关井压力。起下钻时由于存在较高的压力,为了避免钻杆出现失重状态,必须进行压井或使用强行起下钻装置。设计套管阀的目的就是为了消除对强行起下钻作业的依赖,以及在欠平衡钻井作业时由于起下钻柱而导致的对地层的伤害。采用带有井下套管阀的井下隔离系统可以进行全过程欠平衡钻井作业。使用套管阀可以节省压井保护液的费用,节约压井和观察后效的时间、提高起钻安全性。

套管阀安装在套管的下端,并随套管一起下入井内。当套管阀处于开启状态时,可以为钻头提供全井眼通道。起钻时,通过旋转防喷系统带压起钻至套管阀上部,操作地面控制装置关闭套管阀,井筒流体和压力就被隔绝在阀板下面,可以敞开井口将套管阀以上套管卸压,之后即可以常规起钻速度起出钻具而不需要使用强行起下钻装置。下钻时,按常规方法下钻至套管阀上部,关闭旋转防喷系统,操作地面控制装置开启套管阀,待套管阀上下压力一致后带压下入钻柱,即可继续进行欠平衡钻井作业。

套管阀的阀瓣密封系统由地面液压系统通过管外附管进行开关控制。套管阀可以和套管一起下入并固在井内,也可以采用尾管悬挂器与套管回接方式下入,使用后再回收。安装后的套管阀可通过从地面连接到套管阀的控制管线施加压力来进行操作。

对于安装有井下动力马达、扶正器和其他外形很长且复杂的井底钻具组合,由于常规封井器难以实现密封,此时应用套管阀效果更为理想。使用套管阀还可以下入和起出外形较长、形状复杂的底部钻具组合,如井底动力钻具、导向工具、造斜工具、稳斜工具或螺旋钻铤等,可以起下电测仪器或油管,下入膨胀筛管、绕丝筛管、割缝筛管等完井工具,而不需要下入套管桥塞。钻井作业完成后,套管阀还可以在后续的完井系统中得到进一步应用。

4.4　　控压钻井技术

控压钻井技术(Manage Pressure Drilling,MPD)是一种自适应的钻井工艺,可以精确控制全井筒环空压力剖面,确保钻井过程中保持"不喷、不漏"状态,即井眼始终保持在安全密度窗口内。

MPD 技术的优点主要表现在以下几方面。

（1）MPD 技术可以有效地控制整个井眼环空压力剖面,避免地层流体侵入从而影响钻井液性能和造成井涌;

（2）MPD 技术在接单根和起下钻时运用井口回压能有效控制井底压力,使其保持在较小的波动范围内,使井底压力基本恒定;

（3）MPD 技术通过精确的井底压力检测和水力学模型,能解决窄密度窗口层段的钻井难题;

（4）MPD 技术能避免井眼压力超过地层破裂压力,降低井塌、井漏事故发生率,同时可以控制和处理钻井过程中可能引发的溢流事故,延长事故多发层段的裸眼长度,简化井身结构,缩短钻井周期,降低钻井成本。

目前国际上对控压钻井研究很多,形成商业化产品、能够进行现场施工服务的主要有:（1）Atbalance 公司的动态环空压力控制系统（DAPC 精细控压钻井系统）;（2）Halliburton 公司的动态环空压力控制系统（MPD 精细控压钻井系统）;（3）Weatherford 公司的微流量控制系统（MFC）;（4）Schlumberger 公司的自动节流控压钻井系统。控压钻井技术在海洋、陆地的应用已超过 500 井次,主要用于解决窄窗口下的漏失和提速问题。

4.4.1　动态环空压力控制技术

动态环空压力控制技术（Dynamic Annulus Pressure Control,DAPC）是 Atbalance 公司开发研制的,主要用来解决窄窗口所出现的钻井问题的一种控压钻井技术,也称精细控压钻井技术。

DAPC 的组成如图 4-1 所示,包括一套节流管汇、一套回压泵和一套集成压力控制器（IPM）。在 IPM 控制下,节流管汇获得连续的回压调整指令,使井底压力保持在程序所设定的压力值上下,达到精确控制井底压力的目的。精细控压钻井技术流程如图 4-2 所示。

图4-1 动态
环空压力控制
系统（DAPC）
组成

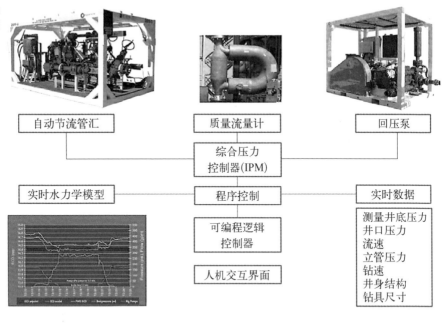

| 自动节流管汇 | 质量流量计 | 回压泵 |

综合压力
控制器(IPM)

| 实时水力学模型 | 程序控制 | 实时数据 |

可编程逻辑
控制器

人机交互界面

测量井底压力
井口压力
流速
立管压力
钻速
井身结构
钻具尺寸

图4-2 动态环空压力
控制系统(DAPC)流程

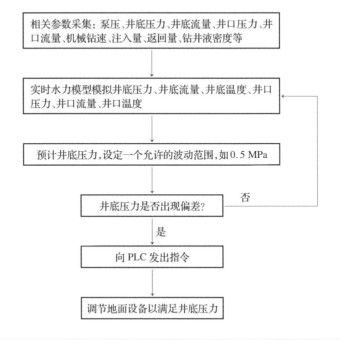

相关参数采集：泵压、井底压力、井底流量、井口压力、井口流量、机械钻速、注入量、返回量、钻井液密度等

实时水力模型模拟井底压力、井底流量、井底温度、井口压力、井口流量、井口温度

预计井底压力，设定一个允许的波动范围，如0.5 MPa

井底压力是否出现偏差？ 否

是

向PLC发出指令

调节地面设备以满足井底压力

4.4.2　　　控压钻井技术

Halliburton 公司的控压钻井技术(MPD)的研制晚于 DAPC 系统,原理与 DAPC 系统完全相同,只是在回压泵上增加了一个入口流量计,在节流管汇中增加了一个钻井液直流通道,并改变了安全溢流管线,参数指标与 DAPC 系统相同,但在微流量检测方面优于 DAPC 系统。

4.4.3　　　微流量控制钻井系统

Secure Drilling 系统最早称为微流量控制系统(Micro-Flux Control,MFC),该系统

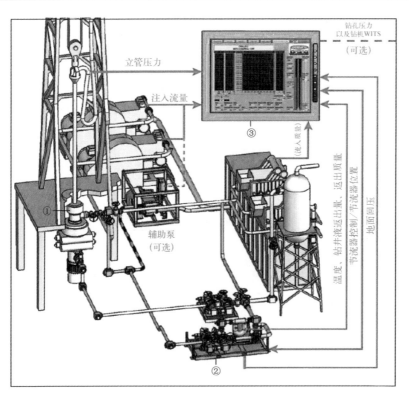

图4-3　微流量控制系统组成

立管压力

注入流量

钻孔压力以及钻机WITS
(可选)

③

(流入质量)

辅助泵
(可选)

①

温度,钻井液返出量,返出器位置

节流器控制/节流器位置

地面回压

②

是为提高钻井效率、降低作业费用、提高钻井作业的安全性而研发的。MFC 系统通过高精度流量计,采用自动闭环系统,精确测量泵入口和返回钻井液的质量和密度,对井筒微小溢流和微小漏失量进行监测,以判断溢流或漏失;一旦发现溢流或漏失,系统将自动作出反应,并能在 1 min 内完成对溢流和漏失的分析、检测和控制,使井眼内溢流流体或漏失钻井液的体积最小。如果发现溢流,及时控制节流管汇增加井口回压,直至井底压力大于地层压力;如果发现钻井液漏失,及时控制节流管汇减小井口回压,直至井底压力略大于地层压力,减小漏失量。

微流量控制系统主要包括旋转控制设备、节流管汇、数据采集系统、气液分离器、控压钻井控制室、回压泵及管线等,系统组成如图 4-3 所示,控制流程如图 4-4 所示。

图 4-4　微流量控制
系统流程

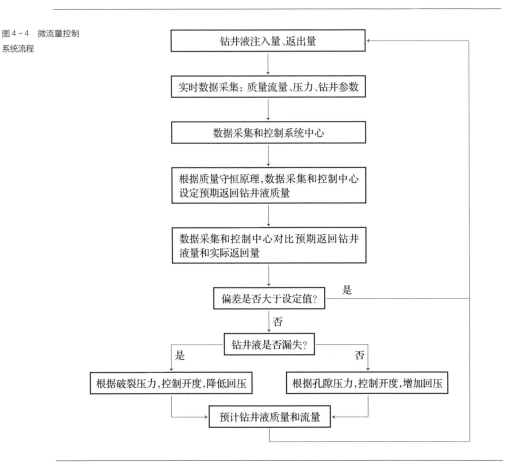

4.4.4　自动节流控压钻井系统

　　Schlumberger 所拥有的自动节流控压钻井系统由美国一家石油技术咨询公司开发,后被 Schlumberger 等公司收购。Schlumberger 公司的自动节流控压钻井系统与 Halliburton 公司的动态压力控制系统、Weatherford 公司的 Secure Drilling 系统相似。2008 年该系统获石油工程创新大奖,是目前全球应用最广泛的控压钻井系统。

　　自动节流控压钻井系统是一种自动调节回压、动态控制常规下入过程中的井底压力稳定性,以及控制由于泵流量变化、钻杆转速或移动引起的意外波动的系统。系统的三个主要组成部件为一套节流管汇、一个可以随时调整的回压泵、一个一体化的压力控制器。其他组成部分还包括计量器、控制室、维修间和发电机等。

4.4.5　中石油精细控压钻井系统

　　中国石油钻井工程技术研究院依托国家科技重大专项自主研制的 PCDS－Ⅰ精细控压钻井系统,2012 年 3 月在华北油田牛东 102 井实施精细控压钻井作业取得突破性成功,机械钻速提高了 90% ,目的层"零漏失""零复杂",解决了该地区漏失、井壁坍塌等钻井复杂难题。

　　随着油气勘探开发越来越趋向深层、复杂地层,窄密度窗口(即压差小于维持井壁稳定的钻井压力,导致井下漏、喷、塌、卡等复杂事故多发,钻井周期延长)问题日益突出。而控压钻井这一当今世界钻井工程前沿技术是解决窄密度窗口问题的有效手段。该项技术自 2007 年开始工业化应用,并逐步在北海、墨西哥湾及巴西海上等地区推广,核心装备和技术由少数跨国服务商垄断,服务费用昂贵。

　　PCDS－Ⅰ系统之前已在四川蓬莱 9 井、塔里木中古 105H 井等现场试验大获成功。通过在华北油田的试验,验证了 PCDS－Ⅰ系统对各种不同复杂地质条件的适应性。牛东区块埋藏深、钻井难度大,钻井周期在 1 年以上,而且在常规钻探过程中,该区块在 PCDS－Ⅰ系统试验的四开井段,多次出现漏失、井壁坍塌、井涌等。为缩短钻井周期,牛东 101 井、牛东 102 井曾先后试验了气体钻井工艺,但均因地层出水导致井壁失稳而被迫中断。但牛东 102 井从四开 5 378 m 开始采用 PCDS－I 系统后,迄今累计进尺 380 m,未出现溢漏、井壁坍塌等异常情况,平均机械钻速由原来的 0.63 m/h 提高到 1.20 m/h,平均机械钻速提高 90% 以上,是牛东 1 井同井段机械钻速的 1.5 倍。

PCDS－I 精细控压钻井系统的成功研制填补了国内在该领域的空白。该系统研制成功的另一直接效果是,跨国公司原来每天四十多万元的控压钻井服务费直接降低了一半以上。

4.4.6　控压钻井与欠平衡钻井的区别

控压钻井与欠平衡钻井主要有以下几方面的区别。

（1）对井底压力控制的区别

欠平衡钻井过程中井底压力小于地层的孔隙压力,允许地层流体进入井筒,通过有效控制,将溢流循环至地面进行处理,实施"边喷边钻"。控压钻井属于过平衡钻井,通过精确控制钻进、起下钻作业过程中的环空压力剖面,保持井底压力大于或等于地层孔隙压力。控压钻井过程中没有地层流体进入井筒。

（2）施工目的的区别

欠平衡钻井主要解决储层伤害问题,提高机械钻速。控压钻井的主要目的是为了解决窄安全密度窗口带来的井漏、井塌、卡钻、井涌等井下复杂问题。作业时采用闭式压力控制系统,通过动态压力控制或自动节流控制,可以快速控制住地层流体侵入井筒,实现安全钻井。

（3）装备配备的区别

大多数情况下欠平衡钻井设备可用于控压钻井。为了实现控压钻井目标,除了欠平衡钻井所需的旋转防喷器外,还需要一些关键装备的配备才能实现,如井底压力随钻测量系统、地面自动节流控制系统、柱塞泵压力补偿系统、地面数据采集以及数据处理、软件支持与信号指令系统等。

（4）地质工程效果方面的区别

欠平衡钻井能够获得地层地质特征参数与综合地质分析。控压钻井是将地层流体控制在地层中,因此对产层的识别及岩石物性不能直接评估。当然,这些参数可以通过随钻测井(LWD)仪进行评估。

4.5 不压井作业方法

在油田生产中,几乎所有的油层在从勘探到开发及后期的维护过程中都会受到不同程度的伤害。在中国现有的油气层保护技术中,还没有一种技术能够完全实现真正意义上的油气层保护,但不压井作业技术的引进,为实现真正意义上的油气层保护提供了可能。

4.5.1 不压井作业的优点

不压井作业技术有许多优点,对油气井而言,它的最大优点在于它可以保护和维持地层的原始产能,减少酸化、压裂等增产措施的次数,为油气田的长期开发和稳定生产提供良好的基础。对水井而言,由于作业前它不需要停注放压,可以大大缩短施工周期,同时可以免去常规作业所需压井液及其地面设备的投入,省去了排压井液的费用,无污染,保护了环境。所以说不压井作业一方面可以为石油公司省去用于压井作业的压井液及其处理费用;另一方面,由于油气层得到了很好的保护,油气层的产能会得到相应的提高,从而可以最大限度地利用地下的油气资源。

经过几十年的发展,目前国内外不压井作业范围越来越大,包括:欠平衡钻井;小井眼钻井、侧钻;带压起下油管、套管和衬管;带压钻水泥塞、桥塞或砂堵;酸化、压裂、打捞和磨铣作业;挤水泥、打桥塞和报废井作业;带压更换井口和采油树闸门等。

目前我国大部分陆上油田已进入中、后期开发阶段,油气井压力逐年降低,注采矛盾日益突出,为了最大限度地提高其采收率,各种新工艺、新技术在不同的油田得到了广泛的应用。而油气层保护技术更是引起了股份公司、各油田分公司领导及油田专家们的高度重视,近几年来也一直将它作为石油股份公司的重点项目在进行研究和推广。随着各油田专家对不压井作业技术认识程度的不断提高,国内各个油田无论是对钻井过程、修井过程中的油气层保护,还是从施工安全、保护环境上考虑,无论是陆上油田还是滩海、浅海油田,对不压井作业均有很大的需求,其需求主要体现在以下几个方面。

(1) 气井应尽可能采用不压井作业技术。随着我国西气东输工程的启动,天然气资源在人们生活中的地位显得越来越重要,开发和利用好天然气资源成了从事该项事业的石油工作者义不容辞的责任。在天然气气田的开发和生产过程中,对于那些物性好、压力系数较低的气井,不管是在钻井过程中还是生产过一段时间以后,钻井、修井过程中的压井极易发生井漏,压井液大量侵入地层,会使黏土矿物发生膨胀和运移,从而堵塞地层造成伤害,且气井压井作业过程中易发生井喷。而不压井作业可以实现避免任何压井液进入地层,可以真正解决气层保护问题。

(2) 一些低渗透油田适合采用不压井作业。目前我国低渗透油田的平均采收率约为 21.3% ,比中高渗透油田(42.8%)低 21 个百分点。这是由低渗透油田的自身特点决定的,低渗透储层一般具有孔喉直径较小且连通性差,胶结物的含量较高、结构复杂、原生水饱和度高、非匀质严重等特点,极易发生黏土水化膨胀、分散、运移及水锁等,在钻井和开采过程中,容易受到污染和损害,而且一旦受到损害,恢复十分困难。对于这种低渗透油田,目前国外的许多石油公司都是从揭开产层开始就实行全过程的欠平衡钻井、对后期的完井和修井全过程进行不压井作业,这样就可最大限度地保护油层,提高采收率。

(3) 古潜山构造的井,宜采用不压井作业技术。由于古潜山的地质构造较为复杂,进行常规勘探时,由于使用了密度较高的压井液,后期进行测井时,由于不是在原始地层状态下进行的,很可能会出现解释错误,甚至错过了油气层。若利用不压井技术进行全过程欠平衡钻井,则会最大限度地保持地层的原始状况,从而大大降低测井解释的失误率,在后续的完井和试油过程中继续使用不压井技术,则可有效地保护油气层。

(4) 注水井的作业施工上,不压井作业有着特殊的优势。国内油田某些区块的注水井,由于渗透率低,注水一段时间后,井口注入压力上升很快,比如大港油田有些注水井的注水压力达到 30 MPa 以上。如果进行常规作业,必须放压,有些井的放压不仅需要很长时间、延长施工周期,而且放压时还会影响到周边井甚至整个区块,放完后还要面临处理污水、解决污染等问题。而不压井作业技术,就不需要放压,关井停注后可以直接进行带压作业。一方面大大地节约了时间,保护了环境,另一方面避免了对受益油井正常生产的影响。如果不压井作业技术能大范围应用到那些放压难度大、渗透率较低的注水井上,将会对提高注水区块的采收率起到很重要的推动作用。

(5)孔隙-裂缝型或显裂缝型储层适合采用不压井作业。这类储层在钻井、修井过程中压井液漏失严重,污染地层。且在钻井、修井作业过程中易发生大漏和大喷现象,会导致安全事故、造成地层破坏和环境污染,而采用不压井技术就会大大减少这类事情的发生。

另外,在滩海和海上油气田,由于对环境保护和安全措施的要求会更高,一方面由于安全方面需要,在钻井过程中对井口的防喷措施要求会比陆上更为严格;而另一方面由于海上环境的特殊性,对环境保护的要求也更为苛刻,这就给钻井和修井作业过程中所用压井液的处理带来了很大的难度,同时成本也大幅度增加。而不压井作业就可以大大缓解这一矛盾,不压井作业设备一套完善的防喷系统可以使钻井和修井作业的安全系数大大提高,同时在修井过程中可以完全避免使用任何可能对地层造成伤害的压井液,所以说海上油气田对不压井作业的需求就更为迫切。

可以看出,不压井作业技术有其独特的优势,而且该技术在国外是作为一项成熟的技术应用了近 40 年,它在国内也应该作为一项保护油气层和环保的新技术大力加以推广。

托普威尔石油技术服务公司正是为了适应当前石油公司的需要,致力于不压井作业技术的推广、应用和研究于一体的技术服务公司,从加拿大引进了第一套承压 35 MPa 的不压井作业设备,并与美国最大的不压井技术服务公司 CUDD 公司合作,共同推动中国不压井事业的发展。CUDD 公司的不压井作业技术已相当成熟,处理过各类油气井。托普威尔石油技术服务公司引进了 CUDD 公司先进的不压井作业技术和先进的井控工具,并派出多名技术人员赴美学习不压井作业技术。通过和 CUDD 公司的合作,利用 CUDD 目前的经验和技术,来弥补国内不压井作业技术领域某些方面的空白和不足。目前 CUDD 公司作业范围涉及:(1)欠平衡钻井;(2)带压起下油管、套管或衬管;(3)井喷时将压井封隔器下入井内;(4)带压钻水泥塞、桥塞或砂堵;(5)酸化、洗井、打捞和磨铣;(6)挤水泥、打桥塞和报废井作业;(7)连续油管作业服务;(8)过油管作业服务;(9)井控作业服务;(10)热钻,冷冻服务;(11)阀钻服务等。

在井下作业技术方面,围绕保护油气层、提高作业成功率、减少油气井占用时间、降低作业成本、确保安全和环保等方面进行了配套完善。在大庆油田和辽河油田开发了以带压作业和绿色修井为核心的防止污染、保护储层生产能力的配套修井技术。特别是辽河油田在此基础上,又开展了蒸汽驱带压作业的研究和试验。连续油管技术在大庆、四川和吐哈等油田得到了推广,分别在气举、洗井、压井、冲砂解卡、除蜡解堵、钻铣水泥塞和注氮气排液等方面进行了应用。由于连续油管不压井作业具有的良好特性,在长井段水平井酸化、举升和深层气井作业等方面取得了比较好的效果。压裂方面,形成了针对复杂气藏、低渗透油气藏、稠油与高凝油油藏和高含水油层的深层压裂、水平井压裂、CO_2和N_2泡沫压裂、热压裂、顶端脱砂压裂、限流压裂、整体压裂、重复压裂以及酸压的工艺和技术。

4.5.2 不压井作业压力控制原理

对于欠平衡压力钻井,不管是在循环还是在钻进过程中,地层流体会不断进入井内,又不断通过钻井液带出井外。而对于不压井作业,进入井内的地层流体会在井筒内不断聚集,并滑脱上升,对井内的压力系统产生复杂的影响。因此,在进行没有泥浆循环的不压井起下钻时,应避免地层流体不断流入并聚集在井筒内,而理想的压力控制状态就是保持井底压力与地层压力平衡:

$$p_b = p_p \qquad\qquad (4-3)$$

式中,p_p为地层压力,MPa。

如果能保持井底压力平衡,就能避免新的溢流进入井内,但原来进入井内的气体会滑脱上升。如果气体没有膨胀的空间,气体将带压上升,形成圈闭压力,导致井口和井底压力越来越大,因此应该在圈闭压力形成时释放一定量的钻井液,使气体膨胀,在井底维持常压。

气体在滑脱上升的过程中,如果压力降低,则气柱的高度越来越大,将导致井底泥浆液柱压力的降低,为保持井底压力平衡就要求有较大的井口套管压力。当气柱滑脱到井口时,气柱膨胀最大,套压也就最大。由于气柱占据了井内的空间,井内的钻井液量减少,钻井液池的钻井液量增加,因此可以通过检测钻井液池的液面来检测井筒内的气柱高度。随着井内气体量的增加,所需要的套管压力也增加,为了保持起钻时井口压力不致太高,在起钻前应尽量将气体循环出来。

起钻时,如果气体滑脱上升的速度小于起钻速度,滑脱上升的气体将被圈闭在套管阀以下。如果气体滑脱上升的速度高于起钻速度,此时不压井带压作业的井口压力最高。

4.5.3 不压井作业应考虑的问题

(1)管轻

在不压井作业过程中,应不断校核地层压力所造成的上顶力的大小,以便确定在适当的时机安装强行起下钻装置。如果采用套管阀,应预测可能产生的最高套管压力,套管阀的下入深度应大于发生管轻的深度。如果套压不高,可考虑全井实行过胶芯起下钻,但起钻时应灌注重钻井液,确保起钻完后井底压力能与地层压力相平衡。

(2)起钻

起钻时应及时灌注钻井液,以避免新的地层流体进入井筒,最好进行连续灌浆。但在关井条件下很难进行连续灌浆。自动灌注钻井液装置采用离心泵来灌浆,但在有井压时,所用的低压离心泵无法灌浆。电动钻机可以进行无级调速,通过计量冲数来计算灌入的泥浆量。也可以配备水泥车来灌注泥浆。

当节流阀性能良好时,可以通过钻井泵、压井管汇、四通、节流管汇、地面分离系统、循环罐的循环回路来进行连续灌浆,通过调节节流阀施加适当的井口压力来保证井底压力平衡。当井压较高时,应采用关井起钻法,而不能采用节流法。

（3）下钻

下钻时由于钻柱下入井内，要释放出等量的钻井液，要准确计量钻井液的释放量。

（4）圈闭压力与气体膨胀

在起下钻过程中，如果灌注或释放的钻井液量与起出或下入的钻具体积等量，起下钻的过程实际上是一直处于关井状态，井压会随着气体的滑脱而上升，导致不压井作业过程中井压升高。如果气体没有膨胀的空间，井底压力将会越来越高，严重时可能会憋漏地层，这时必须释放出一定量的钻井液。需要注意的是，气体膨胀后滑脱速度可能会加快。

（5）井口设备压力过高

井口设备（如旋转防喷器、旋转控制头等）的额定压力是有限的，应控制井口压力不能太高。而且随着井口压力的升高，带压作业的风险也将增大。因此，当井口压力超过 8 MPa 时，应向井内挤注重钻井液来降低井口压力。这时如果气体没有接近井口，重钻井液的滑落会很慢，通过节流阀释放压力时重钻井液可能会被回放出来。

（6）不压井测井

进行不压井测井作业时需要安装专用装置，包括注脂头、防喷管、电缆防喷器和捕捉器等。如果采用套管阀方式进行不压井作业，则可以省去防喷管和捕捉器。

（7）完井方式

如果采用筛管完井方式，通过井口胶芯密封的不压井作业方式不能满足需要，可以采用套管阀不压井作业方式，套管阀的下入深度应大于筛管的长度。如果采用强行起下钻方法，可以下入光管，然后再射孔，此时要准备套管胶芯、安装套管闸板。

（8）下入完井管柱

如果需要下入完井管柱，需要事先安装油管头，用以座挂不压井作业下入的油管；拆卸井口时需要对油管和套管环空加以密封。这里需要注意采油井口与钻井井口不配套的问题；由于安装了采油四通，增加了井口高度，要采用高底座钻机；不压井下入完井管柱时由于内防喷的要求需要安装油管回压阀，这与完井管柱下入后需要投产相矛盾，因此应采用一种临时性的油管回压阀，在投产前能够开启回压阀，从而打通采油通道。

第 5 章

优快钻井技术

5.1 优快钻井的概念

优快钻井就是以先进的科学技术为基础,以加强组织管理为切入点,在技术和管理的结合上,在技术不断创新、管理不断优化的过程中,瞄准一流水平,敢于创造新的纪录,不断挑战已取得成绩所发展起来的一项新的技术。它以优质为基础,以优质为根本出发点,在优质上下功夫,从而使原本不同单项技术组合的加法效应达到多项技术的乘法效应,钻完井时效比原来的单项技术提高 3 ~ 5 倍,使原本难以开发的稠油油田和边际油田得到经济开发,达到提高钻井工程质量、缩短建井周期、降低钻井成本的目的。

5.2 优快钻井技术

5.2.1 优快钻井的措施

优快钻井是一项系统工程,包括生产组织管理、技术装备和钻井工艺技术等,是钻井技术的集成与创新。在此以海上油气田优快钻井为例加以说明。

1. 强化集中组织,实施交叉作业

提高钻井速度,既要有周密的早期计划和科学设计,又需要先进的工艺技术措施。在具体施工中,要强化集中组织,保证各工序的紧密衔接,减少非生产时间。海上组织运输困难大,延工、误工现象严重,因此,在海上丛式井组作业中,钻、固隔水管及表层套管的施工应采取集中作业的原则,所用大尺寸的特殊工具、钻具等实行阶段性运输及使用,便于陆地和海上生产组织,加强生产衔接,减少停误环节,缩短整个井组的建井周期。同时,还要利用丛式井组的特点实行交叉作业,集中进行钻、固隔水管及表层套管、固井等作业,即各井的钻、固隔水管及表层套管实施连续施工,一口井的隔水管及表层钻完后,在固井、候凝和装井口作业前,将井架移到下一口井上,同时实施本井的固井、候凝、装井口和下一口井的隔水管及表层套管作业,这不仅节省了钻机占用时间,而且降低了辅助作业时间,从而大大缩短了整个井组的钻井周期。

2. 采用顶驱技术

顶部驱动钻机系统是 20 世纪 80 年代发展并成熟起来的现代化钻井的一项重大革新技术,它不仅有利于提高钻井速度,而且也减少了钻井事故的发生,尤其是在水平井和大位移井施工中,顶驱技术是确保钻井顺利进行的关键。利用顶驱系统作业,可实现以下目的:(1) 在丛式井组的钻前工程阶段可将钻具接成立柱,实现钻具立柱钻进,减少钻进过程中的接卸单根时间,提高机械钻速;(2) 丛式井组作业中不需卸甩钻具,可直接转到下口井钻井;(3) 可实现倒划眼技术,减少和防止井下复杂情况的发生,提高钻进复杂地层和高难度井的施工能力。

3. 采用导向钻井技术

丛式井井口间距小(≤2 m),中靶精度要求高,井眼轨迹控制严格。为此改变过去传统的钻井方式,采取转盘或顶驱加井下动力钻具的复合钻井方式,用 MWD(随钻测量)或带地质参数的 MWD 检测井眼轨迹,实施地质导向钻井。钻进作业中采用 PDC 钻头 + 动力钻具 + MWD 钻具组合,实现只用一趟钻完成定向段、增斜段、降斜段和稳斜段施工,不仅缩短了钻井周期,而且使井眼轨迹控制平滑、井径规则、不出键槽,井下摩阻小、起下钻畅通无阻,达到了优质、快速钻井的目的。

4. 优选钻头技术

在实施复合导向钻井技术中,优选的高效 PDC 钻头适应转速变化范围大,有利于复合钻井方式钻进。一只 PDC 钻头,可连续钻完一个 6 口井的丛式井组,累计进尺超过 6 000 m,不仅降低了钻头费用,减少了起下钻换钻头次数,而且可满足导向钻井工艺技术的需要。

5. 优质泥浆技术

由于浅海油气井较浅、地层松软,为防止地层坍塌,确保井眼畅通、起下钻顺利,全井均须采用优质泥浆钻进(包括一开)。所用泥浆体系不仅要求低毒性、无污染,而且要有利于保护油气层。在滑动钻进方式下,为防止钻具黏卡,采取以液体润滑剂为主、固体润滑剂为辅的技术措施。在易剥蚀掉块和坍塌的地层,采用加足防塌剂和抗温降滤失剂的技术措施,以确保井眼稳定。

6. 无候凝固井技术

为减少固井候凝时间,隔水管和表层套管固井时在水泥浆中混掺一定比例的速凝剂(常用速凝剂为 CA901),加量一般在 3%~5%,使水泥浆的候凝时间大大缩短,一般水泥浆候凝 6 h 就可达到 3.5 MPa。为提高在大尺寸套管内水泥浆的顶替效率,隔水管和表层套管全部采用插入法固井工艺技术。为提高第二界面固井质量和减少混浆现象,采用加冲洗液、隔离液、复合前置液及消泡剂、减阻剂、防气窜剂等技术措施。

7. 三高钻井技术

在钻井平台设备满足要求的前提下,实施三高钻井技术(即高排量、高转速、高钻压)以提高机械钻速。采用组合喷嘴、双喷嘴和中长喷嘴等,改善井底流场和水力破岩携岩效果。实施"三低一适当"(即低密度、低含砂、低黏度,适当动切力)泥浆技术,充分发挥喷射钻井效率,提高钻井速度。

5.2.2 应用情况举例——渤海 SZ36‐1 油田Ⅱ期开发

渤海 SZ36‐1 油田是我国目前最大的海上自营油田。其试验区于 1993 年建成投产,年产原油 160 万吨。二期工程于 2000 年 11 月底和 2001 年 11 月底分期全面投产,使整个 SZ36‐1 油田的年产量达到了 500 万吨,是中海油天津分公司原油年产量上千万吨的关键油田。

经过学习美国在泰国湾钻一口井仅需 3~5 天的快速钻井技术后,渤海公司于 1995 年在渤海 QK18‐1 油田首先实现优质快速钻井,平均井深 3 561 m 的井,建井周期从 50 多天缩短到 18 天。1996 年在 SZ36‐1 油田共钻 15 口井,平均井深 1 876 m,建井周期 3.71 天,其中 J7 井为 2.55 天。该项技术为海上油田开发创造了巨大的经济效益。

1. SZ36‐1 油田优快钻井及其配套技术

在 SZ36‐1 油田优快钻井过程中,针对实际情况,选取了目前国际上一些先进的钻井及其配套技术,并成功地进行了集成和应用,这些技术主要包括以下几项。

（1）PDC 钻头钻井技术

渤海公司地质、工程技术人员针对渤海油区的生产井的地质特点,通过合理选型,在 SZ36－1 油田开发井钻井中,从表层的 17－1/2″开钻井眼,一直到油层井段的 12－1/4″井眼和 9－5/8″井眼,全部使用 PDC 钻头,大大提高了机械钻速。

（2）PDC 钻头可钻式浮箍浮鞋技术

采用该技术以后,用 PDC 钻头可直接钻穿浮箍浮鞋而不必再起下钻接钻头,每口井可以节约 3h 钻时,全部 186 口井则可以节约 23 个作业船·天。

（3）导向马达钻井技术

直接使用导向马达钻井技术,使得定向造斜十分方便。该项技术在 SZ36－1 油田取得了很好的应用效果。通常情况下,使用 1.5°的可调单弯接头（AKO）,就可以完全满足 3°/30 m 的造斜率要求,解决了疏松地层造斜困难的问题;该地区造斜点深度均在 250～500 m,且造斜均一次成功。

（4）低毒阳离子泥浆体系

该体系的主要特点是具有较强的井眼净化能力,能满足优快钻井的需求;如 F29 井全井平均机械钻速达 229 m/h,D22 井全井平均机械钻速达 189 m/h,且两井起下钻都非常顺利,井径规则,净化良好。

（5）随钻测量（MWD）技术

该项技术与 PDC 钻头可控导向马达钻井技术相结合,构成了高效率的钻井技术整体,可以准确地控制井眼轨迹,在 186 口井中,定向井实钻井眼轨迹均满足设计要求,设计靶区半径为 30 m,实际靶区半径为 21 m,实钻中靶率 100%,有效地满足了油藏开发的需求,为后期开发生产提供了有利的条件。

（6）大满贯测井技术

在生产井电测作业中采用了开发井测井项目合为一体的大满贯测井技术,即把仪器都组合起来,下一趟测井仪器可测完全部项目,并且测井资料的优良品率和合格率都能达到 100%,186 口井平均每口井测井时间 6 h（如扣除采用 LWD 测井的 21 口大斜度井,其余的普通定向井测井时间平均每口井为 4～5 h）。

（7）无候凝固井技术

油层套管固完井注水泥结束以后,直接在井口坐卡瓦割连顶节,无须候凝,这样可比常规固井每口井节约 4~5 h。

（8）顶部驱动钻井技术

所有参加钻生产井的钻井平台,均采用顶部驱动钻井技术,效果非常明显。每口井钻完以后,不必甩钻具,直接移井架至下一个井眼槽口,可节约大量时间,平均每口井节约 0.62 天。

（9）不占用钻机作业时间测 CBL 技术

水泥胶结测井（CBL）作业可不占用钻机作业时间,而是采用钻井和测井交叉作业的方式,因此 CBL 作业平均每口井节约钻机作业时间达 0.33 天。

（10）线性高频"high G"振动筛

若要钻机钻速快必须配备良好的固控设备,特别是作为第一级净化装置的振动筛,起着重要的作用。每个钻井平台均配备了强有力的振动筛后,保证了在平均排量为 3 800~4 000 L/min、平均钻速为 100~200 m/h 的情况下,能有效地筛除钻屑而不跑泥浆。

2. SZ36 - 1 油田优快钻井总结

优快钻井不只是要引进先进的钻井技术,还要结合油田的具体情况,发展一些创新技术,渤海绥中 36 - 1 油田就很有代表性。

（1）丛式井组表层同深钻井技术

该技术不同于传统的钻井方法,传统的钻井方法将表层套管下至造斜点以下 50 m 处,该技术统一将表层套管下至 200 m 左右,其优点是：① 减少了 17 - 1/2″井眼的钻井深度,减少了大井眼的井眼净化问题;② 为下部井段提高钻速创造条件;③ 减少表层套管的下深,与 J 区相比,每口井表层少下 13 - 3/8″套管 50 m,共节约套管 9 300 m,同时减少了固井水泥量,降低了作业成本。

（2）生产井油层套管采用单级注水泥双级封固的固井技术

这套技术在绥中 36 - 1 油田 Ⅱ 期开发应用取得了良好的效果,其主要优点是：① 减少固井过程中水泥浆柱对油层的压力,有利于防止井漏,防止水泥柱滤液过度地进入储层,伤害油层;② 简化作业程序,用单级注水泥的方法实现双级封固的目的;③ 节约固井作业时间,节约了原二级固井中第 2 级注水泥前的候凝时间;④ 节省了钻分级箍的时间,为无钻机时间水泥胶结测井（CBL）作业创造了条件,每口井可节约

5 h,186 口井可节约 39 个作业船·天。

（3）无钻机时间固表层技术

在渤海使用该技术突破了 700 m 大关，由于采用该技术，固井作业不占用钻机时间，每口井可节约钻机时间 9h,186 口井合计节约 70 个作业船·天。

（4）屏蔽暂堵油层保护技术

由于绥中 36 - 1 油田属于低压稠油油藏，特别是在 Ⅱ 期开发过程中，在试验区旁边钻井必然会由于开采后压力降低，钻井时钻屑容易堵塞通道，对油层造成伤害。而采用屏蔽暂堵油层保护技术后取得了如下效果：① 提高了井壁泥浆滤液的强度，使之可以承受固井时产生的当量密度 1.40 g/cm³，既有利于保护油层，又有利于保证固井质量；② 增强了泥浆的非渗透性，有力地阻止了泥浆和水泥浆滤液的渗入，有效地保护了油层；③ 与地层孔喉直径相匹配的架桥粒子和油脂树脂变形粒子，既可以酸洗又可以油溶返排，同时又可阻挡钻屑对孔喉的堵塞和污染，在低压区使用证实其效果较好。

（5）低温速凝水泥浆固表层技术

该项技术的开发，主要是针对渤海地区集中快速钻固表层而实施的，特别是考虑到渤海地区冬季作业气温低、表层固井温度低、常规水泥浆固化时间长等特点。采用此项技术后，水泥浆在常温下可以迅速凝固，4 h 的水泥抗压实施强度由 0 逐渐提高至 2.6 MPa，在绥中 36 - 1 Ⅱ期又提高到了 4 MPa，有力地保证了集中快钻表层的成功。

（6）密集丛式井组，集中快钻表层技术

为了降低钻井费用并有效地提高井口平台对油藏的控制面积，绥中 36 - 1 油田 Ⅱ 期井口平台布井为 35 个井槽，井数比 J 区增加了 1 倍。该油田在开发中成功地实施了集中快钻表层 186 口井，平均每口井钻表层时间 4.16 h,如果扣除表层下深 500 ~ 700 m 的 7 口水源井，平均每口井的作业时间仅 3.6 h,比 J 区 15 口井平均 7.2 h 提高了 50% 。

5.2.3 　　　应用情况举例——长宁区块龙马溪组页岩气开发

在中国石油长宁区块龙马溪组页岩气开发中形成了以"高效 PDC 钻头、长寿命螺杆、旋转导向、优质钻井液"为主体的优快钻井技术，并在实施过程中进一步优化细化。

1. 优选井身结构及钻井施工方案技术

宁 201 井区丛式井组三维井眼轨迹示意如图 5 - 1 所示；三维井眼轨迹平面投影如图 5 - 2 所示；井身结构方案参数比选见表 5 - 1；井身结构方案优缺点比较见表 5 - 2。

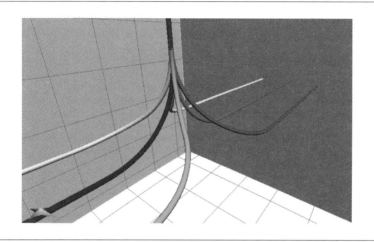

图 5 - 1　丛式水平井组三维井眼轨迹示意

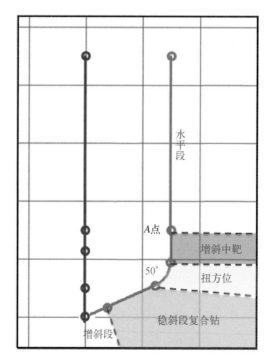

图 5 - 2　三维井眼轨迹平面投影

表5-1 井身结构
方案参数比选

方案	导 管		表层套管		技术套管		油层套管	
	钻头尺寸/mm	套管尺寸/mm	钻头尺寸/mm	套管尺寸/mm	钻头尺寸/mm	套管尺寸/mm	钻头尺寸/mm	套管尺寸/mm
方案一	660.4	508	444.5	339.7	311.2	244.5	215.9	139.7
方案二	508	406.4	340	298.4	269.9	219.1	190.5	139.7
方案三	444.5	365.1	333.38	273.05	241.3	219.1(无接箍)	190.5	139.7

表5-2 井身结构
方案优缺点比较

方案	优 点	缺 点
方案一	工具配套成熟	① 周期较长、成本较高 ② 311.2 mm 井眼定向扭方位困难,244.5 mm 技术套管通过能力差
方案二	① 较方案一周期更短、成本更低 ② 较方案一,269.9 mm 井眼扭方位更容易,219.1 mm 套管下入更容易 ③ 较方案三,219.1 mm 套管下入容易,固井质量更好	① 材料工具不配套,需重新定制 ② 较方案三,周期更长、成本更高 ③ 190.5 mm 井眼旋转导向工具不配套
方案三	① 工具相对配套成熟 ② 扭方位作业最容易 ③ 周期最短、成本最低	① 219.1 mm 套管为无接箍套管,强度低,相关附件也需专门准备,下入速度慢、固井质量不易保证 ② 190.5 mm 井眼旋转导向工具不配套

经过对比,宁201井区井身结构采用"三开三完"方案:

(1) 339.7 mm 表层套管下至450 m 左右,封固地表恶性漏层。

(2) 244.5 mm 技术套管扭方位作业后下至井斜50°~ 60°位置,封隔上部漏垮及含硫地层,为储层专层专打创造条件。

(3) 139.7 mm 油层套管全井下入。

井身结构参数如表5-3所示;井身结构如图5-3所示。

丛式井平台为典型的三维水平井,采用"直-增-稳-扭-增"模式中靶。全程随钻监测,视情况在表层进行防碰定向。扭方位作业设计在井斜50°之前完成,减小工程难度并利于延伸水平段钻进。采用"稳斜探顶、复合入窗"的轨迹控制方式。

采用旋转地质导向应对长水平段"上翘型"三维水平井(平台井水平段长达1 500 m,地层倾角最大10°左右,沿上倾方向钻井井斜达到100°),长水平段"上翘型"三维水平

开 次	钻头尺寸/mm	斜深/m	层 位	套管尺寸/mm	套管名称
一开	444.5	450	飞仙关	339.7	表层套管
二开	311.2	2 720	龙马溪	244.5	技术套管
三开	215.9	4 393	龙马溪	139.7	油层套管

表5-3 宁201井区井身结构参数

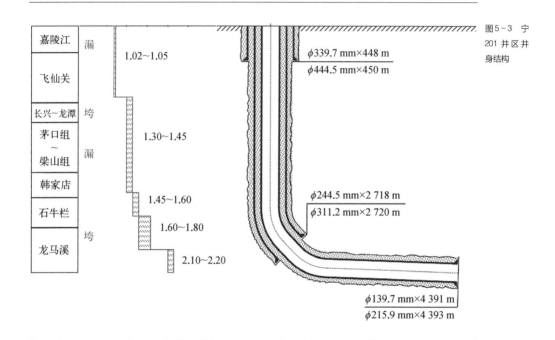

图5-3 宁201井区井身结构

井采用常规定向工具钻进易发生屈曲;采用旋转地质导向钻进,可提高钻速,减少起下钻次数,提高井眼清洁度,钻成的井眼圆滑,利于水平段延伸和后续作业施工。

(1)表层段防漏打快:PDC+无固相泥浆;

(2)直井段防碰防斜打快:PDC+弯螺杆+MWD;

(3)斜井段/水平段防塌打快:PDC+旋转导向+抗油螺杆+LWD+防塌泥浆。

2. 优质钻井液与完井液技术

直井段采用聚合物钻井液,进入石牛栏前转为防塌水基钻井液并逐步提高钻井液密度预防斜井段垮塌,水平段采用油基钻井液。

采用储备罐分类回收或建立钻井液回收站,回收利用油基钻井液。应用钻屑清洁装置,回收岩屑吸附的油基钻井液。宁201井区钻井液密度与体系设计如表5-4所示。

表5-4 宁201井区钻井液密度与体系设计

层 位	井深/m	钻井液密度/(g/cm³)	钻井液体系
嘉陵江	0~450	1.02~1.05	聚合物无固相
嘉陵江~飞仙关	450~950	1.02~1.05	聚合物无固相
飞仙关~韩家店	950~1 820	1.30~1.45	聚合物钻井液
韩家店~石牛栏	1 820~2 350	1.45~1.60	防塌水基钻井液
石牛栏~龙马溪	2 350~2 720	1.60~1.80	防塌水基钻井液
龙马溪	2 720~4 393	2.10~2.20	油基钻井液

3. 固井方案

提高套管居中度,优化前置液体系、水泥浆体系,保证固井质量以满足增产改造要求。油层套管抗内压强度118 MPa以上,为保证增产改造效果,考虑提高油层套管水平段部分的壁厚和钢级。套管参数设计如表5-5所示。

表5-5 宁201井区套管参数设计

套管程序	套管下深/m	规 范		钢级	壁厚/mm	抗外挤强度/MPa	抗内压强度/MPa	抗拉强度/kN
		尺寸/mm	扣型					
表层套管	0~448	339.7	偏梯	J55	10.92	10.6	21.3	4 279
技术套管	0~1 700	244.5	偏梯	80	11.99	32.8	47.4	4 831
	1 700~2 718	244.5	偏梯	110	11.99	36.5	63.2	6 641
油层套管	0~4 391	139.7	气密封	125	12.7	142.4	137.1	3 785

4. 钻机选型及装备配套

采用5 000 m电动钻机,配备顶驱(图5-4)及钻机快速移动装置(图5-5)。同场双钻机批量钻井和交叉作业。批量钻井示意见图5-6。

图5-4 顶驱

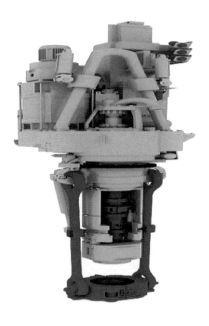

图5-5 钻机快速移动装置

图5-6 批量钻井示意

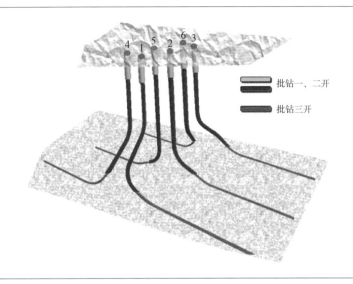

批钻一、二开

批钻三开

5. 井控装置

设计采用35 MPa井口装置,105 MPa套管头,如图5-7所示。

图5-7 井控装置

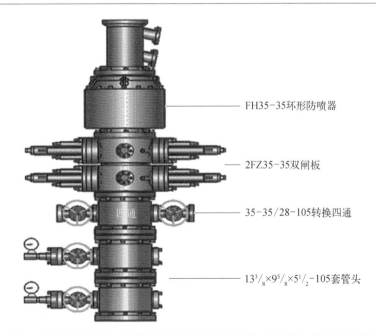

FH35-35环形防喷器

2FZ35-35双闸板

35-35/28-105转换四通

$13\frac{3}{8}×9\frac{5}{8}×5\frac{1}{2}$-105套管头

5.2.4 应用情况举例——威远地区页岩气水平井优快钻井技术

从国内第一口页岩气水平井开钻至今,国家级页岩气示范区之一的威远区块已经完钻多口页岩气水平井,在钻探过程中,面临着表层井漏、机械钻速低、井眼轨迹控制难度大、井壁垮塌、油基钻井液条件下固井质量差等问题。针对上述问题,从井身结构优化、PDC 钻头优选、井眼轨迹控制、油基钻井液优选、油基钻井液条件下的固井技术等方面进行了研究和实践,取得了 5 项成果: ① 形成的水平井非标尺寸井身结构,对 ϕ273.1 mm 套管的下入深度适当加深,起到了解决井漏、封隔易垮塌层的作用,而且各个井眼的尺寸均缩小,更有利于提高机械钻速;② 优选出适合威远页岩气水平井的钻头序列,形成了“PDC 钻头 + 螺杆钻具”的提速方式;③ 形成了水平井钻探的轨迹控制技术,提高了储层钻遇率;④ 优选出适合页岩水平段钻进的油基钻井液,保证了井壁稳定和井眼清洁;⑤ 形成了油基钻井液条件下的固井技术,解决了水平段固井质量差的问题,提高了后期储层分段改造的效果。所获成果为今后该区块开展页岩气丛式水平井钻井奠定了基础。

1. 井身结构优化

通过井身结构进行优化,采用非标尺寸的井身结构,如图 5－8 所示,ϕ508 mm 导管下入深度49.52 m,封隔表层漏层,为空气钻提供井口条件;ϕ273.1 mm 套管下至上三叠统须家河组顶部,封隔上部下侏罗统自流井群漏层和垮塌层;ϕ196.85 mm 套管下至龙马溪组顶部,套管鞋位置井斜角大于60°。最后采用 ϕ127 mm 套管下至完钻井深。

这样的井身结构可以: ① 避免水平段钻进时出现上部岩层垮塌;② 避免在井斜角60°左右时,由于钻井液携岩能力变差而形成岩屑床,进而导致卡钻的复杂情况。

2. PDC 钻头优选

在 W6 井通过优选 PDC 钻头,采用“PDC 钻头 + 螺杆钻具”的方式提速,效果非常显著。在上部沙溪庙组采用 CK605 型钻头,机械钻速达到 19.5 m/h,超过 W5 井在同井段采用空气钻的机械钻速 11.1 m/h。

3. 井眼轨迹控制技术

在定向增斜井段,采用合适角度的弯壳体螺杆钻具组合,按设计轨迹控制好造斜

图5-8 井身结构

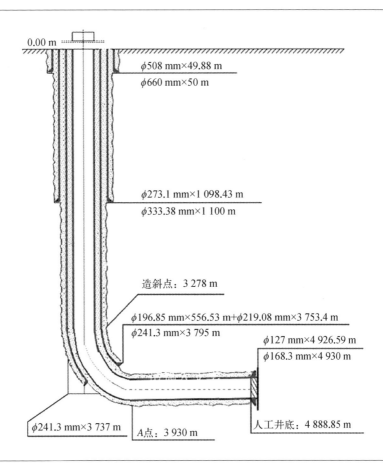

0.00 m

ϕ508 mm×49.88 m
ϕ660 mm×50 m

ϕ273.1 mm×1 098.43 m
ϕ333.38 mm×1 100 m

造斜点：3 278 m

ϕ196.85 mm×556.53 m+ϕ219.08 mm×3 753.4 m
ϕ241.3 mm×3 795 m

ϕ127 mm×4 926.59 m
ϕ168.3 mm×4 930 m

ϕ241.3 mm×3 737 m

A点：3 930 m

人工井底：4 888.85 m

率；优化入窗轨迹，采用稳斜探顶、复合入窗的轨迹控制方式，复合钻进探储层，增强了应对储层变化、进行垂深调整的主动性。W4井、W5井采用该方式，实现了一次性入靶。

在水平段采用地质导向技术。钻前建立好地质模型，利用实钻的上下伽马曲线判断轨迹与地层切割关系，将钻进轨迹控制在设计箱体范围内。结合钻遇地层特征及录井地震等资料综合判断钻遇地层的倾角变化，有效提高储层钻遇率。调整井斜时尽可能控制增斜/降斜率小于4°狗腿角，尽可能利用钻具增斜/降斜趋势，减少滑动，提高机械钻速，钻具组合如图5-9所示。

4. 油基钻井液技术

威远地区龙马溪组具有较强的层理结构，在液体侵入后极易发生层间剥落。由于

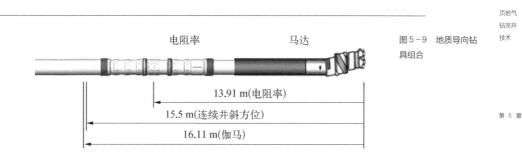

图 5-9 地质导向钻
具组合

第 5 章

层理断面上两个水平主地应力之间的差值大,受外力诱因导致垮塌的风险非常高。钻井液必须拥有非常强的封堵能力和化学抑制能力。为保障 W4 井、W5 井水平段顺利施工,通过采用逆乳化油基钻井液体系 MEGADRIL 较好地解决了页岩井壁垮塌的问题。

随着水平段长度不断增加,需要钻井液具有优良的流变性。塑性黏度应该控制得尽量低,通过使用固控设备及稀释的方法,将钻井液体系的低密度固相含量控制在较低的范围内。通过有机土粉和液态流型调节剂来控制动切力。

5. 油基钻井液条件下的固井技术

在裸眼井段,通过半刚性扶正器或刚性扶正器,提高了套管的居中度。为提高胶结质量,优化了浆柱设计和密度梯度,通过采用高效冲洗驱油隔离液,达到了较好的两级界面的润湿反转效果和冲洗效果。W4 井、W5 井水平段固井质量优质率超过了 95%。

第 6 章

井壁稳定性与
控制技术

6.1 井壁失稳的原因及危害

由于页岩地层层理、裂缝发育,具有一定的化学活性,在水平井钻井过程中,常常会出现井漏和垮塌等复杂事故,增加了钻井时间,提高了钻井成本。

目前,绝大多数页岩气水平井在页岩层段钻井过程中都发生过坍塌,严重影响了钻井周期及后续压裂施工。

6.1.1 井壁失稳的原因

钻井过程中,造成井壁失稳的原因多种多样,但从根本上说,井壁失稳的原因可以归结为地质力学因素(包括原地应力状态、地层孔隙压力、原地温度、地质构造特征等)、岩石的综合性质(包括岩石强度、变形特征、孔隙度、含水量、黏土含量、组成和压实情况等)、钻井液的综合性质(包括化学成分、连续相的性质、内部相的组成和类型、添加剂类型、泥浆体系的维护等),以及其他工程因素(包括打开井眼的时间、裸眼长度、井深井斜角方位角等井身结构参数、压力激动和抽吸)等四大方面。这四方面因素的耦合作用,使得对页岩气层井壁稳定性的影响变得复杂而多变。

6.1.2 井壁失稳的岩石破坏类型

井壁失稳时岩石的破坏类型主要有两种: 剪切破坏和拉伸破坏。

剪切破坏又分为两种类型:一种是脆性破坏,导致井眼扩大,这会给固井、测井带来问题。这种破坏通常发生在脆性岩石中,但对于弱胶结地层由于冲蚀作用也可能出现井眼扩大的情况。另一种是延性破坏,导致缩径,发生在软泥岩、砂岩、岩盐等地层,在工程上遇到这种现象要不断地划眼,否则会出现卡钻现象。

拉伸破坏或水力压裂会导致井漏,严重时可造成井喷。实际上井壁稳定与否最终都表现在井眼围岩的应力状态。如果井壁应力超过强度包线,井壁就要破坏;否则井壁就是稳定的。

如果井眼内的泥浆密度过低,井壁应力将超过岩石的抗剪强度而产生剪切破坏,表现为井眼坍塌扩径或屈服缩径,此时的临界井眼压力定义为坍塌压力;如果泥浆密度过高,井壁上将产生拉伸应力,当拉伸应力大于岩石的抗拉强度时,将产生拉伸破坏,表现为井漏,此时的临界井眼压力定义为破裂压力。因此,在工程实际中,可以通过调整泥浆密度,来改变井眼附近的应力状态,达到稳定井眼的目的。

6.1.3　　　井壁失稳的危害

井壁失稳不仅会影响钻井工期,井眼不规则还会降低固井质量,影响套管承压能力,威胁后续压裂施工的安全性。严重的井壁坍塌会导致卡钻、埋钻具等严重井下事故,如果处理不当会导致部分井眼报废甚至使整个井眼报废。

6.2　　　井壁稳定的研究方法

目前研究井壁稳定性的方法主要有三种:① 岩石力学研究;② 泥浆化学研究;③ 岩石力学和泥浆化学耦合研究。

(1) 岩石力学研究

岩石力学研究主要包括原地应力状态的确定、岩石力学性质的测定、井眼围岩应力分析,最终确定保持井眼稳定的合理泥浆密度。

(2) 泥浆化学研究

从泥浆化学方面研究井壁稳定,主要研究泥页岩水化膨胀的机理,寻找抑制泥页岩水化膨胀的化学添加剂和泥浆体系,最大限度地减少钻井液对地层的负面影响。

(3) 岩石力学和泥浆化学耦合研究

将泥浆化学和岩石力学耦合起来研究,尽可能多地搜集井眼情况资料(如井眼何

时以何种方式出现复杂情况),尽可能准确地估计岩石的性能,确定起主要作用的参数
有哪些。

6.3 井壁失稳的影响因素

页岩气钻井井壁失稳机理的研究最初集中在研究页岩水化对井壁稳定性的影响,
随着页岩气井普遍采用油基钻井液或类油基钻井液,页岩井壁坍塌机理研究转移到页
岩微观特征和层理构造上来,认为微裂缝、层理弱面以及层理间渗透是引起页岩气井
井壁稳定性的重要因素。

6.3.1 井眼围岩应力分布

1. 地应力特征

1) 地应力方向

在钻井之前,深埋在地下的岩层受到上覆岩层压力、最大水平地应力、最小水平地
应力和孔隙压力的共同作用,处于平衡状态。打开井眼后,井内的岩石被取走,井壁岩
石失去了原有的支持,取而代之的是泥浆静液压力,在这种新条件下,井眼应力将产生
重新分布,使井壁附近产生很高的应力集中,如果岩石强度不够大,就会出现井壁不稳
定现象。

对于地层中的一口井,井周地层总是处于三轴应力作用下,可用三个方向的主应
力来表示,即最大水平主应力 σ_H,最小水平地应力 σ_h 和垂向正应力 σ_v。

井壁上的应力差值决定了井壁是否发生剪切破坏,当井周角为90°或270°时,应力
差达到最大值。在不同地质时期形成的各种岩石,都具有其固有的抗拉、拉剪强度。
由于井眼的形成打破了地层的原始应力分布状态,在井眼周围地层重新形成新的应力
分布状态。

对于直井来说,井壁应力应是主地应力、孔隙压力和井内泥浆柱压力联合作用下的结果。在地应力的作用下,井壁附近岩石发生变形,并在井壁附近引起应力集中。一般来说,在水平最小主地应力方位处发生坍塌,在水平最大主地应力方位发生破裂。

对于定向井来说,由于上覆岩层压力与井轴不重合,水平地应力也不再与井轴正交,因此井壁周围岩石在法向正应力和切向剪应力的联合作用下处于三维应力状态。井壁岩石在与井轴垂直的平面内不仅受到正应力的作用,同时还存在剪应力,两者共同对井壁岩石的破坏形态施加影响。

地层中的天然裂缝往往是地应力作用形成的,地应力状态也决定了压裂过程中水力压裂裂缝的走向。裂缝的延伸方向总是平行于最大主地应力方向。

2)地层岩石破坏准则

地层破裂准则:认为地层受压破裂为拉伸断裂机制所控制,即当井壁上的一个有效主应力达到岩石的拉伸强度时便发生地层破裂。

剪切破坏准则:

(1)Mohre-Coulomb准则,即假设只有最大和最小主地应力对破坏有影响,认为同性材料抵抗破坏的抗剪力等于沿潜在破坏面滑动时的摩擦阻力与内聚力之和。

(2)Drucker-Prager准则,即认为中间主地应力对破坏也有影响。

3)地应力测量

(1)凯塞尔(Kaiser)效应

测量地应力的方法较多,采用岩石的声发射特征来测定地应力有很大的优势,测定方法简单、方便,重复性好。

岩石受载,微裂隙的破坏和扩展使其部分能量以声波的形式释放出来,用声波接收仪器可以接收到声波的形态和能量,岩石的这种性质称为岩石的声发射活动。岩石的声发射活动能够"记忆"岩石所受过的最大应力,这种效应被称为凯塞尔(Kaiser)效应。凯塞尔效应表明,声发射活动的频度或振幅与应力有一定的关系。利用凯塞尔效应可以准确地测定声发射的应力等级,从而鉴定物体结构的受力状态。

(2)凯塞尔效应测量地应力的原理

在单调增加应力作用下,当应力达到过去已施加过的最大应力时,声发射明显增加。Kaiser效应的物理机制可认为岩石受力后发生微破裂。微破裂发生的频度随应力增加而增加。破裂过程是不可逆的,但由于已有破裂面上摩擦滑动也能产生声发射信号,这种摩擦滑动是可逆的。因而加载时,应力低于已加过的最大应力也有声发射出现,即为可逆的摩擦滑动引起的声发射事件。当应力超过原来加过的最大应力时,又会有新的破裂产生,以致声发射活动频度突然提高。声发射凯塞尔效应实验可以测量野外曾经承受过的最大压应力。

(3)凯塞尔效应测量地应力的方法

该类测量一般要在压机上进行,测定单向应力。在轴向加载过程中,声发射率突然增大的点对应着的轴向应力是沿该岩样钻取方向曾经受过的最大压应力,称此为Kaiser 点应力。

如果测得同一岩心与岩心轴线正交水平面内彼此相隔45°三个方向 Kaiser 点应力和岩心轴向 Kaiser 点应力,若是垂井岩心,根据弹性力学理论就可确定地应力的三个主应力大小——水平最大地应力、水平最小地应力和垂向地应力。

4)地应力剖面

由于地层间或层内的不同岩性岩石的物理特性、力学特性和地层孔隙压力异常等方面的差别造成了层间或层内地应力分布的非均匀性,地应力大小是随地层性质变化的。若依靠实测研究层内或层间地应力的分布规律,这是不切实际的。结合测井资料和分层地应力解释模型,可分析层内或层间地应力大小,建立垂向地应力剖面。结合测井资料及实测地应力数据,对地应力纵向分布规律进行预测。

2. 地层压力分析

在岩性和地层水变化不大的地层剖面中,正常压实地层的特点是,随着地层深度的增加,上覆岩层载荷增加,泥页岩的压实程度增大,导致地层孔隙度减小,岩石密度增大。泥页岩的压实程度直接反应地层孔隙压力的变化。声波测井测量的是弹性波在地层中的传播时间。声波时差主要反映岩性、压实程度和孔隙度。除了含气层的声波时差显示高值或出现周波跳跃外,它受井径、温度及地层水矿化度变化的影响比其他测井方法小得多。所以用它评价和计算地层孔隙压力比较有效。

3. 岩石强度特征

地层的力学性质是随井深变化的,要分析页岩气储层的力学性质,最好的方法是建立强度参数与测井数据之间的关系,借助测井数据建立强度参数的纵向分布剖面。

6.3.2　　井眼失稳的化学因素

在钻进泥页岩地层的过程中,由于使用水基钻井液,泥页岩会发生水化渗透现象。泥页岩地层孔隙中存在孔隙流体,钻井液和泥页岩地层孔隙流体之间的密度差形成水力梯度,钻井液浓度和泥页岩地层孔隙流体浓度差异形成化学势梯度。泥页岩地层中,特别是含有大量蒙脱石的地层中,高价阳离子被其他低价阳离子置换而带负电,为了达到电荷平衡,从周围溶液中吸附正离子,形成扩散电势。这些驱动力使得水分子或溶质/离子通过泥页岩交换,黏土矿物层间水化的结果造成颗粒间膨胀,造成了地层孔隙体积的减少,进而导致孔隙压力增大,从而改变岩石应力状态和强度。

李玉光等通过对沁水盆地页岩气地层的页岩岩性进行物化分析和评价试验,了解和认识到该类页岩的组成结构特征和岩性特点,提出了针对沁水盆地页岩气地层钻井的油基钻井液技术对策。

沁水盆地泥页岩的电镜扫描分析显示,岩样表面存在微裂缝。泥岩呈片状层理发育,存在微裂缝和微裂隙,液相极易进入层理间和微裂缝内部。岩样外观也表现出明显的层理发育特征,如图6-1所示。

图6-1　沁水盆地页岩扫描电镜(东北部 P5-3 井山西组泥页岩)

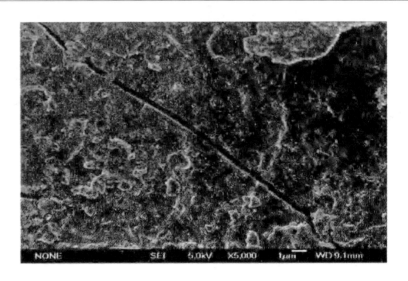

　　毛细管自吸作用是油气田储层低孔渗岩石的一个重要特征。通过页岩基岩的自吸试验,发现清水有在毛细管作用下向页岩吸入的趋势,但侵入深度并不大,如图6-2所示。

　　(a) 页岩基岩　　　　　(b) 浸泡1 min　　　　(c) 浸泡30 min　　　　(d) 浸泡24 h

图6-2 页岩基岩在清水浸泡下的试验照片

　　对于页岩裂缝,清水能通过自吸作用在很短的时间内到达裂缝的顶端,之后又会顺着裂缝面向周围扩散,如图6-3所示。

　　(a) 裂缝页岩　　　　　(b) 浸泡1 h　　　　　(c) 浸泡24 h　　　　　(d) 浸泡72 h

图6-3 裂缝页岩在清水浸泡下的试验照片

　　通过记录不同时间段页岩的累积吸液量可以发现,由于毛细管自吸作用导致吸液量逐渐增加。页岩基岩的毛细管自吸是一个先期缓慢平稳升高、后期较快上升的曲线,如图6-4所示。页岩裂缝的毛细管自吸是一个先期相对增加较快、中期出现急剧增加的陡坡、之后又变得较为平缓的升高曲线,如图6-5所示。

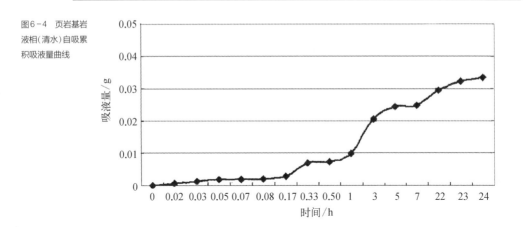

图6-4 页岩基岩液相(清水)自吸累积吸液量曲线

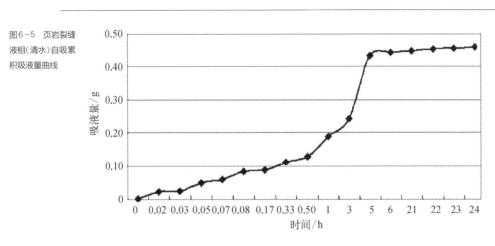

图6-5 页岩裂缝液相(清水)自吸累积吸液量曲线

上述结果说明,页岩的毛细管自吸会促使液相侵入岩石,而微裂缝的存在会大大增强液相自吸速度和深度,不利于井壁稳定。

使用油基钻井液钻这类页岩地层,虽然油基滤液为油相不会引起水化膨胀,但是液相的侵入会带来压力传递、水力切割的后果;另外液相的侵入也会改变页岩本身的应力特征,最终会改变页岩的力学稳定性,导致剥落掉块甚至垮塌,因此必须考虑减少液相的运移和加强油基钻井液对微裂缝的封堵以减少液相侵害带来的井壁失稳。

油基钻井液本身具有优良的抑制性和润滑性,如果维持合理的钻井液密度,可满足一般钻井安全需要。但由于页岩气开发一般采取水平井方式,而水平井钻屑容易沉降堆积形成岩屑床,如果油基钻井液的动态携砂和静态悬砂性能不好,就容易形成岩屑床从而造成阻卡。

目前使用的绝大多数油基钻井液水相中,无机盐质量分数都较高,其目的是使钻井液和地层中水的活度保持相近,从而达到阻止油相中的水向地层运移的目的,对保持井壁稳定非常有利。

对于硬脆性泥页岩,由于微裂缝发育丰富,钻井液滤液更容易通过微裂缝进入岩石内部引起岩块强度降低和孔隙压力增加,加剧地层坍塌。所以必须加强封堵,阻止滤液进入地层。

水基钻井液的封堵材料种类很多,而适用于油基钻井液的纳微米封堵材料则较少。李玉光等使用了在油相中分散性好的纳微米级的乳化封堵材料 MORLF、微米级的刚性颗粒材料、可软化的树脂类封堵材料 MOFLB,配合降滤失剂,增强体系的微裂缝的封堵能力。

针对油基钻井液在水平段的井眼清洁问题,可以使用有机物大分子提切剂产品HSV-4。这种增黏剂可通过与有机土、乳化液滴、其他亲油胶体颗粒之间的物理化学相互作用,改善油基钻井液的流变性,提高油基钻井液静、动态悬浮携砂能力。体系中只需添加质量分数为0.5的提切剂 HSV-4,即可将体系的动切力从3 Pa提高到10 Pa以上,低剪切速率黏度达到近30 000 mPa·s,改善体系流变性效果非常显著。

6.3.3　地应力状态及钻进方向对井壁稳定性的影响

井周地层可用三个方向的主应力来表示,即最大水平主应力 σ_H,最小水平地应力 σ_h 和垂向正应力 σ_v。地应力状态及钻进方向对井壁稳定性的影响如表6-1所示。

从表6-1可以看出,当垂向正应力 σ_v 为中间主应力时,即 $\sigma_H > \sigma_v > \sigma_h$,如果直井是安全的,则斜井和水平井也一定安全;当垂向正应力 σ_v 为最大主应力或最小主应力时,即 $\sigma_v > \sigma_H > \sigma_h$ 或 $\sigma_H > \sigma_h > \sigma_v$,如果直井是不安全的,则斜井和水平井也一定不安全。

不同地区地应力状态是不同的。陆地上多数油田以及渤海湾地区,地应力状态

表6-1 地应力状态及钻进方向对井壁稳定性的影响

地应力状态	钻 进 方 向		
	σ_v	σ_H	σ_h
$\sigma_H > \sigma_v > \sigma_h$	井壁最不稳定		
$\sigma_v > \sigma_H > \sigma_h$		井壁最不稳定	
$\sigma_H > \sigma_h > \sigma_v$			井壁最不稳定

为: $\sigma_H > \sigma_v > \sigma_h$ ；大庆长垣构造(不包括外围探区)，地应力状态为: $\sigma_H > \sigma_h > \sigma_v$ ；南海油田、苏北油田、新疆玛湖浅层及辽河油田双南地区等，地应力状态为: $\sigma_v > \sigma_H > \sigma_h$ 。

由此可见，应对各地区的地应力数值进行实际测定，才能确定该地区的地应力状态，从而有效地指导钻井作业。

6.3.4 岩石物性对井壁稳定性的影响

1. 不同地应力均匀系数下的泥浆密度

最大水平地应力与最小水平地应力的比值(称为地应力非均匀系数 K)，对坍塌压力和破裂压力有显著影响，该比值越大，则坍塌压力与破裂压力的差值(也就是泥浆密度窗口)就越小，钻井作业就越困难，甚至会出现又漏又塌的灾难性事故。地应力非均匀性对泥浆密度窗口的影响如图6-6所示。

从图6-6可见，随着地应力非均匀系数的增加，坍塌压力增加，而破裂压力下降，导致泥浆密度窗口降低；渗透时地应力非均匀系数大于1.75时泥浆密度为负，不渗透时在1.9为负，即渗透性的存在增加了井壁失稳的可能性。

2. 不同孔隙压力下的泥浆密度

孔隙压力对泥浆密度窗口的影响如图6-7所示。

从图6-7可见，随着孔隙压力的增加，坍塌压力增加，而破裂压力下降，渗透与非

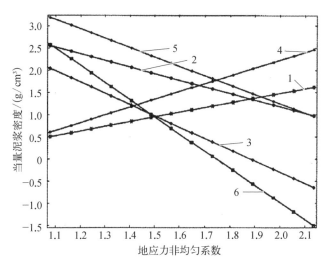

图6-6 地应力非均匀性对泥浆密度窗口的影响

1—坍塌压力当量泥浆密度-非渗透;2—破裂压力当量泥浆密度-非渗透;3—泥浆密度窗口-非渗透;4—坍塌压力当量泥浆密度-渗透;5—破裂压力当量泥浆密度-渗透;6—泥浆密度窗口-渗透

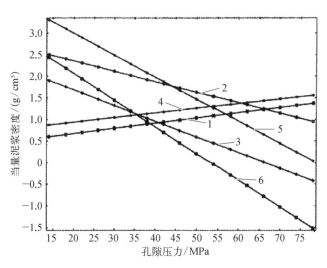

图6-7 不同孔隙压力地应力非均匀性对泥浆密度窗口的影响

1—坍塌压力当量泥浆密度-非渗透;2—破裂压力当量泥浆密度-非渗透;3—泥浆密度窗口-非渗透;4—坍塌压力当量泥浆密度-渗透;5—破裂压力当量泥浆密度-渗透;6—泥浆密度窗口-渗透

渗透情况下泥浆密度窗都下降,渗透时孔隙压力在 5.5×10^7 Pa 时泥浆密度为负,不渗透时在 6.5×10^7 Pa 时为负,说明孔隙压力的增加使泥浆密度窗口变窄。

3. 不同黏聚强度下的泥浆密度

不同黏聚强度对泥浆密度窗口的影响如图 6 - 8 所示。从图 6 - 8 可见,随着黏聚强度的增加,坍塌压力下降,而破裂压力基本不变,即泥浆密度窗口增加;渗透时泥浆密度窗口大于非渗透时的情况。随着黏聚强度的增大,井壁稳定性提高,钻井相对安全。

图 6 - 8 不同黏聚强度对泥浆密度窗口的影响

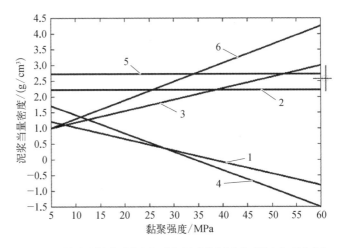

1—坍塌压力当量泥浆密度-非渗透;2—破裂压力当量泥浆密度-非渗透;3—泥浆密度窗口-非渗透;4—坍塌压力当量泥浆密度-渗透;5—破裂压力当量泥浆密度-渗透;6—泥浆密度窗口-渗透

4. 不同内摩擦角下的泥浆密度

不同内摩擦角对泥浆密度窗口的影响如图 6 - 9 所示。

从图 6 - 9 可见,随着内摩擦角的增加,坍塌压力下降,而破裂压力不变;内摩擦角在 20° 左右时,渗透与非渗透情况时泥浆密度窗口相等。随着内摩擦角的增大,井壁稳定性提高,钻井相对安全。

5. 不同有效应力系数下的泥浆密度

不同有效应力系数对泥浆密度窗口的影响如图 6 - 10 所示。

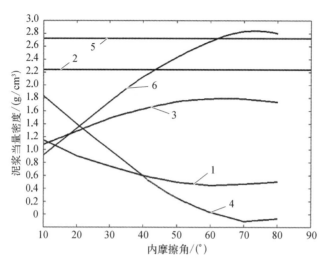

图6-9 不同内摩擦
角对泥浆密度窗口的
影响

1—坍塌压力当量泥浆密度-非渗透;2—破裂压力当量泥浆密度-非渗透;3—泥浆密度
窗口-非渗透;4—坍塌压力当量泥浆密度-渗透;5—破裂压力当量泥浆密度-渗透;6—
泥浆密度窗口-渗透

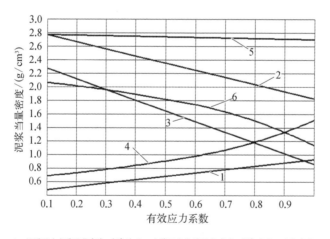

图6-10 不同有效
应力系数对泥浆密度
窗口的影响

1—坍塌压力当量泥浆密度-非渗透;2—破裂压力当量泥浆密度-非渗透;3—泥浆密度
窗口-非渗透;4—坍塌压力当量泥浆密度-渗透;5—破裂压力当量泥浆密度-渗透;6—
泥浆密度窗口-渗透

从图 6-10 可见,随着有效应力系数的增加,不考虑渗透作用的坍塌压力线性上升,破裂压力线性下降;考虑渗透作用时,坍塌压力非线性上升,破裂压力线性下降。有效应力系数在约 0.3 时渗透和非渗透情况下泥浆密度窗口相等;小于 0.3 时非渗透泥浆密度窗口高于渗透时,而大于 0.3 后渗透泥浆密度窗口高于非渗透时。

6. 不同泊松比下的泥浆密度

不同泊松比对泥浆密度窗口的影响如图 6-11 所示。

图 6-11　不同泊松比对泥浆密度窗口的影响

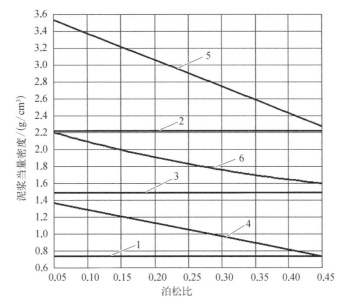

1—坍塌压力当量泥浆密度-非渗透;2—破裂压力当量泥浆密度-非渗透;3—泥浆密度窗口-非渗透;4—坍塌压力当量泥浆密度-渗透;5—破裂压力当量泥浆密度-渗透;6—泥浆密度窗口-渗透

从图 6-11 可见,随着泊松比的增加,不考虑渗透作用的坍塌和破裂压力不变,即泥浆密度窗口不变;考虑渗透作用时,坍塌和破裂压力随着泊松比的增加而下降,破裂压力下降快于坍塌压力的下降,使得泥浆密度窗口减小。

硬脆性泥页岩相对于易变形的泥页岩来说,井壁稳定性稍好些,易漏不易塌,泥浆密度调整范围小。

6.4　　安全钻井泥浆密度窗口

6.4.1　　安全泥浆密度窗口

从力学的角度来说,造成井壁坍塌的原因主要是由于井内液柱压力过低,使得井壁周围岩石所受应力超过岩石本身的强度而产生剪切破坏所造成的,此时,对于脆性地层会产生坍塌掉块,井径扩大;而对于塑性地层,则向井眼内产生塑性变形,造成缩径。当井内的泥浆柱压力过高时,地层将被压裂,使其原有的裂隙张开延伸或形成新的裂隙系统,此时的泥浆柱压力称为地层的破裂压力。从力学角度,泥浆密度必须保证泥浆液柱压力大于坍塌压力、小于破裂压力,才能保持井壁的稳定。对已钻直井安全泥浆密度窗口进行计算,结果表明:坍塌压力都较低,大部分层段坍塌压力在0.5以下,主力页岩气层坍塌压力在0.85~1.01,各井之间的差异较大,地层非均质性很强,且与井斜角有较大关系,如图6-12所示。

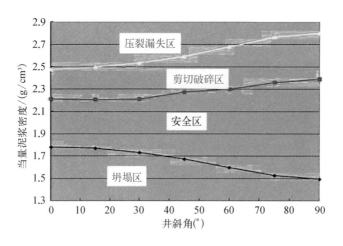

图6-12　井斜角对泥浆密度窗口的影响

6.4.2　　井斜角和方位角的影响

对于大斜度井和水平井,由于井身发生倾斜,其井壁稳定性与直井有显著的差别,井壁稳定性不仅与地应力的大小方位有关,而且还与井眼轨迹(井斜角、井斜方位)有关。

井斜角超过50°左右,坍塌压力将大幅增大,导致破裂压力与坍塌压力的差值减小,也就是泥浆密度窗口减小,不利于井壁稳定;井斜角小于50°,发生斜交层理面的剪切破坏,沿水平最大地应力方位钻进定向井井壁坍塌压力最大;井斜角大于50°,沿层理面的剪切破坏及弯曲失稳;沿水平最小地应力方位钻进定向井和水平井坍塌压力最大。

第7章

钻井液与储层保护

7.1　　储层损害机理

钻井中对油气层的损害,主要指钻井液、固井液、完井液及射孔液等工作液的液柱压力远远超过储油层孔隙压力时,将其工作液挤注于储油层之内,造成油气通道变小或堵塞。为了防止挤注以保护储层而采取的措施,称为储层保护。

其基本方法是:各种工艺均应在压力平衡的条件下作业,工作液的液柱压力与储层孔隙压力应保持相等。在实际工作中,很难恰到好处,但完全可以尽量地使压力平衡,俗称"微超"作业。

即使采用了与孔隙压力相当密度的工作液,达到了近似平衡压力作业的条件或状态,但在某些作业中,仍须特别注意。至少应杜绝(在套管内)快速下钻或下套管,以免造成液力冲击,使井底压力突增,而将钻井液挤入储层或弱层(引起井漏)。另外,也不能(在套管内)高速起钻,以免抽汲诱喷,使储层突然减压,引起井喷,甚至失控,从而导致储层结构变形、破损,造成开采过程早期出砂。

7.2　　页岩气钻井液的基本要求

水平井的主要目标是增加油气产量,提高采收率。而大部分水平井段又是在油层中钻进,所以钻井液既要完成钻井任务,同时又要在钻开油气层时保护好油气层。因此水平井钻井液必须兼具钻井液、完井液作用的双重功能。钻井液的好坏直接影响到水平井水平段的深度,以及对油气层的损害程度。所以在钻井液的选择上,既要考虑到钻井液的性能,也要考虑到对储层的损害。在钻大斜度井特别是水平井时,目前采用的传统钻井液(包括水基钻井液、油基钻井液)都难以解决大斜度段和水平井段的静态悬砂和动态携砂问题,目前国外的研究方向是研究一种不同于传统钻井液的新型钻井液——弱凝胶钻井液体系,这一体系具有以下特点。

(1) 特定用于钻水平井段储层;

(2) 具有高的动塑比、良好的剪切稀释能力;

（3）低剪切条件下能保持特高的黏度,剪切速率越低黏度越高,具有良好的悬砂能力;

（4）凝胶强度无时间依赖性;

（5）防止钻屑在井壁的低边形成岩屑床,有利于井眼净化,减少井下事故的发生;

（6）利用特殊的完井液解除泥饼、保护储层、提高油井产量。

7.3 页岩气水平井钻井液技术难点

与常规水平井相比,以浅层大位移井、丛式水平井布井为主的页岩气水平井的水平段长,并需要进行分段压裂。对于要进行分段压裂的水平井,原则上其水平段方位应垂直于最大水平主应力方向或沿着最小水平主应力方向。井眼沿着最小主应力方向钻进时,由于页岩地层裂缝发育,长水平段(1 200 m 左右)钻井中不仅易发生井漏、垮塌、泥页岩水化膨胀缩径等问题而产生井下复杂情况,而且在长水平段,摩阻、携岩及地层污染问题也非常突出,钻井液性能的好坏将直接影响钻井效率、井下复杂情况的发生率及储层保护效果。因此,从钻井液方面讲,井壁稳定技术、降阻减摩技术和井眼清洗技术等将成为页岩气水平井钻井中的关键技术;同时,在实施这些技术的过程中,将面临井壁稳定、降阻减摩和岩屑床清除等难题。

从井壁稳定的角度讲,页岩气钻井中 70% 以上的井眼问题是由于页岩不稳定造成的。钻井液穿过地层裂隙、裂缝和弱的层面后,钻井液与页岩相互作用改变了页岩的孔隙压力和页岩强度,最终影响到页岩的稳定性。影响井壁稳定的主要因素有如下几方面。

（1）孔隙压力变化造成井壁失稳。页岩与孔隙液体的相互作用,改变了黏土层之间水化应力或膨胀应力的大小。滤液进入层理间隙,页岩内黏土矿物遇水膨胀,膨胀压力使张力增大,导致页岩地层(局部)拉伸破裂。

（2）对于低渗透性页岩地层,由于滤液缓慢地侵入,逐渐平衡钻井液压力和近井壁的孔隙压力(一般大约为几天时间),因此失去了有效钻井液柱压力的支撑作用。由于水化应力的排斥作用使孔隙压力升高,页岩会受到剪切或张力方式的压力,减少使页岩粒间联结在一起的近井壁有效应力,诱发井壁失稳。

(3) 对于层理和微裂缝较发育、地层胶结差的水敏性页岩地层,滤液进入后会破坏泥页岩的胶结性。水或钻井液滤液极易进入微裂缝,破坏原有的力学平衡,导致岩石的碎裂。近井壁含水量和胶结的完整性改变了地层的强度,并使井眼周围的应力场发生改变,引起应力集中,井眼未能建立新的平衡而导致井壁失稳。

对于高摩阻和高扭矩问题,由于浅层大位移水平井定向造斜段造斜率高,斜井段滑动钻进,定向时容易在井壁形成小台阶,造斜点至 A 靶点相对狗腿度较大,起下钻容易形成键槽。在水平井段,定向滑动钻进时钻具与井壁摩擦力大,正常钻进时钻头扭矩大,要求钻井液具有良好的润滑性,以起到降阻减摩的作用。同时,由于井眼曲率大、水平段长,套管自由下滑重力小、摩阻大等原因,下套管过程中易发生黏卡,这些都对钻井液性能,特别是润滑、防卡能力提出了更高的要求。

对于岩屑清除问题,由于水平井造斜段井斜变化大,井眼清洁难度较大;同时,在水平段由于页岩的坍塌和井中岩屑重力效应,影响了井眼清洁;另外,小井眼环空间隙小,泵压高,因排量受到限制,施工中易形成岩屑床,进一步增加了摩阻、扭矩和井下复杂情况发生的概率。此时,钻井液流变性和携岩清砂能力显得更加重要。鉴于此,要求页岩气水平井钻井液必须具有携砂能力强、润滑性好、封堵能力强和强抑制性等特点。

7.4　　页岩气水平井井壁稳定措施及钻井液体系

7.4.1　　提高井壁稳定性的方法

针对上述影响井壁稳定性的因素分析,稳定井壁的措施包括钻井液的化学作用(抑制和封堵)、钻井液密度以及控制环空压力激动,特别是利用钻井液的化学作用来控制水和离子在页岩中的进出,从而控制水化应力、孔隙压力和页岩强度。

（1）对于低渗透性页岩,当钻井液的活度比孔隙液体的活度低时,孔隙液体的渗透回流作用可以平衡水力流动,使水化减慢、孔隙压力升高、速度降低,地层强度和近井壁有效应力增加,此结果将有利于井眼稳定。通过使用高矿化度聚合物钻井液或 $CaCl_2$ 钻井液,可减少钻井液的活性,降低页岩和钻井液相互作用的总压力。采用高含量甲酸钾($KCOOH$)、$CaCl_2$ 和 Al^{3+} 盐,可以通过页岩脱水、孔隙压力降低和影响近井壁区域化学变化的协同作用,使钻井液产生非常好的井眼稳定作用。

（2）对于裂隙和裂缝性或层理发育的高渗透性页岩,可使用有效的封堵剂进行封堵。因为在原始地层被压裂的情况下(如构造应力区的硬性易碎泥页岩),即使采用低活度水基钻井液,也不一定能起到稳定作用。此时,可以通过提高液体滤液黏度或封堵作用与渗透回流作用相结合,以降低页岩渗透率来降低水力传导率;采用低分子量的增黏剂,如糖类(甲基葡萄糖苷等)、$CaCl_2$、$KCOOH$ 和高浓度的低分子量聚合物来实现减小水力传导率;使用含有铝、聚合醇的钻井液或采用页岩孔隙封堵剂在页岩表面或微裂隙内形成一个渗透率阻挡层,以降低渗透率来实现稳定页岩的目的;采用触变性钻井液和低密度钻井液,尽可能降低钻井液对缝隙的穿透能力。

（3）由于油基钻井液可提高水湿性页岩的毛细管压力,防止钻井液对页岩的侵入,通过使用油基钻井液和合成基钻井液,可以有效地解决井壁不稳定的问题。即使采用油基钻井液,对裂缝或层理发育的页岩地层,也必须强化封堵,以减少液体进入地层造成的压力传递(阻断流体通道)。在应对页岩气水平井井壁稳定方面,采用油基钻井液体系是国外目前最有效的措施。油基钻井液在润滑、防卡和降阻作用方面有着水基钻井液无法比拟的优势,可以避免滑动钻井时的拖压问题,这也是其被广泛应用的主要原因所在。

7.4.2　　　钻井液体系

1. 钻井液选择原则

页岩气水平井钻井可以采用油基钻井液和合成基钻井液,也可以采用强抑制性水基钻井液,其关键是确保井壁稳定、润滑、防卡和井眼清洗。对于水基钻井液,保证井壁稳定性的关键是提供良好的抑制性和封堵能力。从抑制性方面讲,可以通过减少钻井液滤液的水力流入来减轻页岩的不稳定性;无论对于哪种页岩,都可以通过维持高滤液黏度或采用封堵孔喉的化学剂降低有效页岩渗透率来实现。对于低渗透性页岩,也还可以通过低活度水基钻井液水相所引起的渗透回流来抵消水基钻井液滤液的水力流动。低活度水基钻井液对稳定有裂缝或微裂缝的页岩也可以见到一定效果,但强化封堵更重要。此外,提高润滑性、减少内摩阻及加强储层保护也是页岩气水平井钻井液重要的性能要求。低固相或无黏土相强抑制性钻井液可以满足润滑、防卡、降阻的作用。从抑制性、封堵性及润滑性考虑,可以采用甲基葡萄糖苷钻井液、铝基钻井液、硅酸盐钻井液、氨基抑制性钻井液、有机盐/无机盐钻井液和聚合醇钻井液等类型的强抑制性和封堵性水基钻井液。实践表明,尽管使用低活度水基钻井液(钻井液水活度低于页岩水活度),也只能减少进入地层中的水量,不能完全解决井壁稳定问题。而油基钻井液可提高水湿性页岩的毛细管压力,防止钻井液对页岩的侵入。相对于水基钻井液,油基钻井液和合成基钻井液用于页岩气水平井钻井,在井壁稳定、润滑、防卡方面具有绝对优势。国外60%~70%的页岩气水平井采用油基钻井液体系。油基钻井液可以选用全油基钻井液、乳化钻井液、可逆乳化钻井液(未来方向)以及合成基钻井液。需要强调的是,在采用油基钻井液时,对于层理发育地层,还需要考虑封堵,以防井壁失稳和钻井液漏失。

2. 油基钻井液和水基钻井液的优缺点

用于页岩气水平井钻井的油基钻井液和水基钻井液体系各具特点,现将其优缺点分别介绍如下。

1)油基钻井液

油基钻井液是以油作为连续相的钻井液,包括全油基钻井液和油包水乳化钻井液。在油包水乳化钻井液中,水作为必要的组分均匀地分散在柴油中,其含量一般为10%~60%;在全油基钻井液中水是无用的组分,其含量应小于10%。

油基钻井液的优点:

(1)井壁稳定性好,抑制能力强;

(2)润滑性好,卡钻趋势低,定向滑动钻进不拖压;

(3)热稳定性好,具有抗高温、抗盐钙侵特点,高温、高压条件下滤失量低;

（4）抗污染能力强（盐、膏、固相以及 CO_2、H_2S 气体污染），维护处理工作量小；

（5）无腐蚀性；

（6）有利于保护储层；

（7）可重复使用，特别适用于工厂化钻井作业。

油基钻井液的缺点：

（1）不环保，对井场附近的生态环境影响较大；

（2）单井用油基钻井液成本相对高，后勤保障工作量大；

（3）影响天然气侵探测；

（4）温度对流变性影响较大。

2）水基钻井液

水基钻井液是指油气钻井过程中以其多种功能满足钻井工作需要的各种循环流体的总称。从流体介质角度看水基钻井液，它就是以水为连续流体介质的钻井液。水基钻井液是由膨润土、水（或盐水）、各种处理剂、加重材料以及钻屑所组成的多相分散体系。

水基钻井液主要包括分散钻井液、钙处理钻井液、盐水钻井液、聚合物钻井液、正电胶钻井液和抗高温深井水基钻井液等，在实际油气井钻井中占据着钻井液的主导地位。

水基钻井液的优点：

（1）环保，对井场附近的生态环境影响较小；

（2）天然气侵易发现；

（3）温度对流变性影响较小；

（4）成本相对低；

（5）遇井漏容易处理。

水基钻井液的缺点：

（1）井壁稳定性差；

（2）热稳定性相对较差，易于高温凝胶化；

（3）抗污染性差（固相及 CO_2、H_2S 气体污染），维护处理工作量大；

（4）润滑性差，防卡能力不足。

7.5　对储层的认识

作为未来天然气生产的巨大潜力资源,页岩气储层与常规气储层的差异很大。就页岩气储层自身来说,由于地质背景不同,有些储层也具有较好的产气能力,但在非均质性和低渗透率等方面又具有共同的特征。页岩以小粒径物质为主,一般以黏土和泥质为其主要组分,砂所占的组分相对较少。由于小粒径的特点,页岩气储层的渗透率极低,一般在$(0.000\,001 \sim 0.000\,1) \times 10^{-3}\ \mu m^2$,这种特点决定了页岩气储层的开发必须采用适当的增产技术,才能实现商业开发。真正的页岩易产生裂缝,片状矿物如云母的重新组合很容易引起页岩水平方向的裂缝。在裂缝性页岩及致密砂岩中,页岩气地质储量极大因而备受关注。

7.6　储层评价技术

7.6.1　储层伤害机理

储层伤害是储集层内部因素及外部因素共同作用的结果。内部因素指储集层固有的岩性、物性、孔隙结构、敏感性及流体性质等特性;外部因素主要指施工作业过程中可能对储集层固有特性产生的损害作用。外部因素可以引起或加大内部因素变化而致储层损害。

研究储层伤害机理的目的是弄清引起储层伤害的内在或潜在原因。目前的研究工作大致可分为两种类型:一种不针对某一具体地层,只对储层伤害中具有普遍性的问题进行研究,从而得到储层伤害机理某些具有普遍意义的结论或认识,这种研究常使用标准岩心或人造岩心来代表非特定的地层,采用数值模拟、模型实验等方法进行;另一种针对某一特定油藏条件开展研究,通过对该类型储层条件和外来因素及其相互作用的研究,取得对该油藏伤害机理的认识。

1. 钻井伤害

钻开生产层,就破坏了生产层原有的平衡状态,使之与外来工作液(钻井液、水泥浆、前置液等)接触,从而对其产生伤害。由于钻井液接触的是处于原始状态的产层,所以它产生伤害的可能性很大,而油气层伤害一旦发生,想消除这种伤害却很不容易。

钻井液中含有多种生物聚合物,这些聚合物可以提高钻井液的携砂能力,并促进储层中钻井液泥饼的形成,从而减少钻井液渗入地层。然而,泥饼也是造成致密储层中水堵伤害的原因之一。在致密储层中,钻井液等也是造成水堵伤害的一个重要因素。

研究发现,表面活性剂溶液可以有效地去除泥饼,进而改善岩心渗透率,但其渗透率恢复程度与岩心原始渗透率有关。原始渗透率越大,其改善效果越明显。

Lakatos 等通过实验研究了储层中钻井液的自吸和渗透现象。研究表明,孔隙和岩心的水湿特性决定了非常规气藏岩心中的自吸和渗透现象。水是天然的堵塞相,它将导致难以修复的储层伤害。通过降低表面(界面)张力和改变润湿性(从强水湿变成油湿)可以限制钻井液中流体的渗透。利用特殊的表面活性剂、可溶性水溶剂、大分子添加剂等,可以降低非常规气藏水基钻井液渗透和自吸现象引起的储层损害。

2. 压裂伤害

压裂过程中造成储层伤害的原因很多,如压裂液在储层中滞留产生液堵,压裂液残渣对储层造成的伤害,压裂过程引起储层中黏土矿物的膨胀和颗粒运移,压裂液与原油乳化造成的储层伤害,压裂液对储层的冷却效应造成的储层伤害,压裂液与储层流体配伍性不好而产生化学反应生成沉淀,压裂液添加剂使用不当造成岩石润湿性改变,支撑剂使用不当造成的伤害,施工作业及施工质量差导致的附加伤害等。

非常规气藏压裂过程中,除常见储层伤害(如裂缝面的滤饼、基岩膨胀、层理堵塞、凝胶伤害和水堵伤害等)外,生物膜的形成也会造成储层伤害。研究人员采用微观模拟技术研究了生物膜对支撑剂填充的裂缝内气体流动的影响。结果表明。生物膜的存在会使裂缝内气体流速大幅度减小,当生物膜体积占裂缝孔隙体积10%时,裂缝内气体流速仅为无生物膜情况下气体流速的50%。

7.6.2　　　　储层伤害评价方法

评估钻井液和井下作业过程中流体造成的储层伤害可能性的规程由三部分组成,即信息、模拟和分析。为了得到油田规模的工程参数及其造成储层伤害的可能性,研究人员从厘米级、毫米级和微米级三个尺度进行了分析,并指出,渗透率恢复值、滤液侵入深度、流动效率、效益损失等,可以作为评估钻井液对储层伤害的基准参数。

目前,就钻井液引起储层伤害会影响油气生产的问题,国内外学者已达成共识。同时也可以通过数值模型研究储层伤害程度,但产量损失预测过程中的不确定性仍需进一步研究。为了定量研究这些不确定性,文献提出了以实验设计和响应面方法(RSM)相结合研究油井生产预测的不确定性。这种方法可以识别大多数造成产量损失的参数,并评估其引起储层伤害的风险。研究表明,有效地控制敏感性较高的参数,可以最大限度地改善油气生产。

7.6.3　　　　油基钻井液储层保护性能评价

测井和取芯是页岩气储层评价的两种主要手段。Schlumber 公司应用测井数据,包括 ECS 来识别储层特征。单独的 GR 不能很好地识别出黏土,干酪根的特征是具有高 GR 值和低 Pe 值。成像测井可以识别出裂缝和断层,并能对页岩进行分层。声波测井可以识别裂缝方向和最大主应力方向,进而为气井增产提供数据。岩心分析主要是用来确定孔隙度、储层渗透率、泥岩的组分、流体及储层的敏感性,并分析测试 TOC 和吸附等温曲线。需要注意的是,页岩储集层改造技术的应用始终不能脱离地质条件的约束,要针对页岩储集层特点优选压裂层位和施工工艺,才能取得比较好的开发效率和经济效益。对于埋藏较浅、地层压力较低的储集层通常采用 N_2 泡沫压裂。清水压裂的压裂液中一般已加入适量抑制剂,但仍要求储集层中膨胀性蒙脱石含量不能很高,原因是其水敏性强,遇水易膨胀、分散和运移,导致岩石渗透率下降,所以,利用 X 衍射和 SEM 测试结果分析黏土矿物的类型和含量十分必要。

7.7 储层伤害和保护

7.7.1 钻井过程中的储层保护技术

钻井的最终目标是提交一口地层无伤害或低伤害的油气井。但在钻井过程中,由于钻井液的比重不合适,甚至在钻井过程中使用压井液,都会对地层造成伤害,这种伤害不仅会影响油气井的产量,有时甚至会影响油气层的发现。

钻井过程中当钻遇油气层时,如果液柱压力大于地层压力,在正压差和毛管力的作用下,钻井液中的固相进入油气层造成孔喉堵塞,钻井液中的液相进入油气层与油气层中的岩石和流体发生作用,破坏油气层原有的平衡,诱发油气层潜在伤害,造成渗透率下降。

在钻井过程中,钻井液浸泡时间过长和钻井液环空上返速度过快等都会造成对地层的伤害,导致渗透率下降。

1. 保护储层的钻井液技术

钻井液具有冲洗井底、携带岩屑、冷却和润滑钻头、平衡地层压力、保护井壁、获取地层信息、传递功率(井底动力钻井、水力喷射钻井)等作用,还对保护油气层起着至关重要的作用。因此,钻井液必须满足如下要求:

(1)钻井液密度可调,能满足不同压力油气层近平衡钻井的需要;

(2)钻井液中的固相颗粒与油气层渗流通道相匹配;

(3)钻井液必须与油气层岩石相匹配;

(4)钻井液滤液组分必须与油气层中的流体相匹配;

(5)钻井液组分与性能需满足保护油气层的需要。

目前已经形成了如下几种针对不同类型油气藏的保护油气层系列钻井液技术:

1)水基钻井液

水基钻井液具有成本低、配置处理维护比较简单、处理剂来源广、可供选择的类型多、性能容易控制、具有较好的保护油气层效果等优点,是目前国内外钻开油气层常用的钻井液体系,包括水包油钻井液、无膨润土暂堵型聚合物钻井液、低膨润土聚合物钻井液、改性钻井液、正电胶钻井液、钾酸盐钻井液、聚合醇(多聚醇)钻井液、屏蔽暂堵钻井液等。

(1) 水包油钻井液。是将一定量的油分散于水或不同矿化度盐水中,形成以水为分散介质、油为分散相的无固相水包油钻井液。其特点是大大降低了固相伤害,可以实现低密度。特别适用于套管下至油层顶部的低压、裂缝发育、易发生漏失的油气层。

(2) 低膨润土聚合物钻井液。使用膨润土的目的是使钻井液的流变性易于控制、滤失量低,并降低钻井液的成本。该钻井液的特点是使用尽可能低的膨润土含量,使钻井液既能获得安全钻进所具有的性能,又不会对油气层产生较大的伤害。

(3) 改性钻井液。对于长裸眼钻开油气层的情况,由于技术套管没有封隔油气层以上的地层,为了减少对油气层的伤害,在钻开油气层之前对钻井液进行改性,使钻井液与油气层特性相匹配,力争不诱发或少诱发油气层潜在的伤害因素。这种钻井液的特点是成本低、应用工艺简单、对井身结构和钻井工艺没有特殊要求、对油气层的伤害程度小,因而被广泛用作钻开油气层时的钻井液。

(4) 钾酸盐钻井液。是以甲酸钾、甲酸钠、甲酸盐为主要材料,加上盐水配制而成的钻井液。其密度可通过加入的盐酸盐来加以调节,基液的最高密度可达 2.3 g/cm^3。其特点是高密度下易于实现低固相、低黏度;高矿化度盐水可以预防黏土水化膨胀、分散运移;盐水不含卤化物,不需缓蚀剂,腐蚀速率极低;对储层伤害小。钾酸盐钻井液是目前发展较快的一种钻井液体系。

(5) 正电胶钻井液。这是一种用混合层状金属氢氧化物处理的钻井液。正电胶钻井液保护油气层的机理是: ① 正电胶钻井液特殊的结构与流变学性质,像豆腐块一样整体流动;② 正电胶对岩心中的黏土颗粒膨胀的强烈抑制作用;③ 整个钻井液体系中分散相粒子的负电性减弱。

(6) 聚合醇钻井液。是以聚合醇为主要原料配制的钻井液。其保护油气层的机理是: 在浊点温度以下,聚合醇与水完全互溶,呈溶解态;高于浊点温度时,聚合醇以游离态分散在水中,这种分散相就可作为油溶性可变形粒子起封堵作用。聚合醇的浊点温度与体系的矿化度、聚合醇的分子量等有关,将浊点温度调节到低于油气层的温度,当钻开油气层时,聚合醇的温度就会升高到高于其浊点温度,聚合醇在水中呈分散相,从而实现保护油气层的目的。

（7）屏蔽暂堵钻井液。当长裸眼井段中存在多套压力体系时，为了能够顺利钻井，钻井液的密度必须按裸眼井段中的最高孔隙压力来确定。屏蔽暂堵的基本思想是利用油气层被钻开时钻井液柱压力与油气层压力之间形成的压差，在很短的时间内使钻井液中人为加入的各种类型和尺寸的固相粒子进入油气层孔喉，在井壁附近形成渗透率接近于零的屏蔽暂堵带。该钻井液的技术要点是：① 测定油气层孔喉分布曲线及孔喉的平均直径；② 按 1/2～2/3 孔喉直径选择架桥粒子（如超细碳酸钙等）的颗粒尺寸，加量大于 3%；③ 按颗粒直径小于架桥粒子（约 1/4 孔喉直径）选择充填粒子，加量大于 1.5%；④ 加入可变形的粒子（如磺化沥青、氧化沥青、石蜡、树脂等），加量一般为 1%～2%，粒径与填充粒子相当。

（8）无膨润土暂堵型聚合物钻井液。由水相、聚合物和暂堵剂固相颗粒配制而成。通过加入不同种类和数量的可溶性盐来调节其密度。通过加入各种与油气层孔喉直径相匹配的暂堵剂，在油气层中形成内泥饼，阻止钻井液中的固相或滤液继续侵入油气层。适用于套管下至油层顶部的油气层，以及单一压力体系的油气层。

2）油基钻井液

包括油包水钻井液和全油基钻井液。其优点是能有效避免油层的水敏作用，对油气层伤害程度低。其缺点是成本高，容易发生火灾，对环境产生污染，可能使油层润湿反转降低油相渗透率，与地层水可能形成乳状液堵塞油层。

3）气体类钻井液

对于地层压力系数低于 0.8 的地层（如低压裂缝油气田、低压强水敏或易发生严重井漏的油气田、枯竭油气田等），为了降低对地层的伤害，可以考虑选择低密度的气体类钻井液。该类钻井液由于以气体为主要组分，从而能够实现低密度，如空气钻井液、泡沫流体钻井液、充气钻井液等。

4）合成基钻井液

合成基钻井液是以人工合成或改性的有机物为连续相，盐水为分散相，再加入乳化剂、降滤失剂、流型改进剂、加重剂等组成。合成基液有醋类、醚类、醛酸醇、线性石蜡、线性烷基苯等，其具有油基钻井液的许多优点，如润滑性好、摩阻小、携带岩屑能力强、井眼清洁、抑制性强、钻屑不易分散、井眼规则、不易卡钻、有利于井壁稳定、对油气层伤害程度低、不含荧光物质等，但其成本较高。主要应用在水平井和大位移井中。

2. 保护储层的钻井工艺技术

（1）降低压差，实现近平衡钻井。通过建立四个压力剖面，确定合理的井身结构，确定钻井液的密度，将油气层压差控制在最低的安全值。

（2）减少钻井液浸泡时间。通过优选钻井参数、采用优快钻井技术，提高钻井速度，缩短钻井、完井时间，缩短辅助工作和其他非生产时间，防止井下复杂情况和事故的发生。

（3）优选环空返速。防止因钻井液环空上返速度过快而对油气层产生伤害。

（4）搞好中途测试。中途测试时负压差不宜过大，防止微粒运移或泥岩夹层坍塌。

（5）防止井漏、井喷等复杂事故。井喷会诱发速敏、有机垢和应力敏感伤害。发生井漏后可用暂堵剂进行堵漏。

1）多套压力体系的保护油气层钻井技术

对于油气层为低压、上部存在大段易坍塌高压泥岩层的情况，采用屏蔽暂堵钻井液进行钻进。

对于上部为低压漏失层或低破裂压力层、下部为高压油气层的情况，先堵漏，提高上层承压能力，然后再钻油气层。

对于多层组高坍塌压力泥页岩与低压易漏失油气层相间的情况，采取提高钻井抑制性、与油气层的配伍性措施，采用屏蔽暂堵钻井液，降低坍塌压力。

2）欠平衡压力钻井技术

欠平衡压力钻井是指在钻井过程中，泥浆柱作用在井底的压力（泥浆柱静压力＋循环压降）低于地层孔隙压力。此时允许产层流体流入井内，并可通过泥浆循环将其循环到地面，地面可有效地加以控制。

3. 保护储层的固井技术

固井水泥浆对油气储层的损害是不可忽视的。国内各油气田在油层套管固井中已全面应用降失水剂，并已取得明显的效果。也有部分油田在固井作业时经常会简单地使用清水或只加少量增黏剂作为隔离液，其顶替效率低、失水量大，随后流经的水泥浆会滤失严重甚至会发生漏失，造成固井质量差，甚至固井失败的结果，还会损害油气储层，很大程度上降低了单井采收率。

7.7.2　完井过程中的储层保护技术

所谓完井是根据油气层的地质特性和开发要求,在井底建立油气层与井筒之间的连通方式。完井作业是油气田开发总体工程的重要组成部分。在完井过程中也会对油气层造成伤害。如果完井作业处理不当,可能会造成油井产能的严重降低。

1. 选择完井方式的基本原则

完井方式的选择是完井工程的重要环节之一。目前国内外各油田采用的完井方式有多种类型,但都有其各自的使用条件和局限性。只有根据油气藏类型和油气层特性并考虑开发的技术要求来选择最合适的完井方式,才能有效地开发油气田,延长油气井的生产寿命,提高油气田开发效益。

合理的完井方式应满足以下要求:

(1) 油气层和井筒之间保持最佳的连通条件,油气层所受的伤害最小;

(2) 油气层和井筒之间具有尽可能大的渗流面积,油气流入井筒的阻力最小;

(3) 能够有效地封隔油、气、水层,防止气串和水串,防止层间相互干扰;

(4) 能够有效地控制油层出砂,防止井壁垮塌;

(5) 具有进行分层或分段增产措施的条件,便于人工举升和井下作业;

(6) 施工工艺简便,成本低。

选择完井方式时,应充分考虑油气藏类型、油气层特性、工程技术及措施要求等因素。

(1) 油气藏类型

对于存在层间差异的断块油气藏和层状油气藏,多选择射孔完井方式;对于易发生气水串的裂缝型油气藏,不宜采用裸眼完井方式。

(2) 油气层特性

油气层的稳定性、油气层渗透率及层间渗透率差异、油气层压力及层间压力差异等,都是选择完井方式的重要依据。

(3) 工程技术及措施要求

工程技术及措施要求包括是否分层分段开发,是否采取分层分段增产措施等。

2. 完井方式及其适用条件

目前普遍采用的完井方式包括射孔完井、裸眼完井和筛管完井等。

射孔完井方式能有效地封隔含水夹层、易塌夹层、底水等;可有效防止井壁垮塌;能完全分隔和选择性地射开不同压力、不同物性的油气层,避免层间干扰;具备分层实施增产措施、分层开采的条件。采用射孔完井方式时,油气层除了经受钻井过程中的钻井液和水泥浆的伤害,还将经受射孔作业对油气层的伤害。

裸眼完井方式主要取决于底层的稳定性,而且要借助其他井下工具避免层间干扰,实施分层或分段增产措施、分层或分段开采。

3. 射孔完井保护储层技术

射孔完井是通过射孔孔眼为油气流建立沟通油气层与井筒的流动通道,此过程也会对油气层造成一定的伤害。伴随射孔产生的 5~10 mm 厚的射孔压实带,其渗透率大大降低,大约只有原始渗透率的 10% ,极大地降低了射孔井的产能。

如果采用正压差射孔,即射孔液柱的压力大于地层孔隙压力,在射开油气层的瞬间,井筒中的射孔液在压力作用下进入射孔孔眼,并经孔眼壁面侵入油气层,已经射开的孔眼将被射孔液中的固相颗粒、子弹残渣所堵塞,产生更为严重的压实带伤害。对于气层,由于孔隙中的气相比原油更易压缩,压实带伤害尤甚。而负压差射孔,在成孔瞬间由于油气层流体流入井筒中,对射孔孔眼具有清洗作用。因此采用合理的射孔负压差可确保孔眼完全清洁、畅通。

即使采用负压差射孔,但在射孔作业后有时需要起下并更换管柱,会将射孔液用作压井液,从而对地层产生伤害。此时射孔液中的固相颗粒和液相侵入地层,降低了油气层的绝对渗透率和油气相对渗透率。

当然并不是所有油气层都适用负压差射孔。如果采用正压差射孔,此时要通过筛选试验采用与油气层相配伍的无固相射孔液,并控制正压差值不超过 2 MPa。

4. 裸眼完井保护储层技术

裸眼完井最主要的特点是油气层完全裸露,具有最大的渗流面积,油气井的产能较高,但这种方式不能阻挡油层出砂,不能避免层间干扰。

采用裸眼完井方式时,油气层主要受钻井过程中钻井液的伤害,因此应采用保护油气层的钻井及钻井液技术。

5. 保护油气层的射孔液体系

射孔液应与油气层岩石和流体相配伍,防止射孔作业过程中和射孔后的后续作业过程中对油气层造成伤害;应具有一定的密度,满足射孔及后续作业压井的需要;应具有适当的流变性以满足循环清洗射孔孔眼的需要。

目前国内外使用的射孔液主要有以下六种体系。

1) 无固相清洁盐水

一般由无机盐类、清洁淡水、缓蚀剂、pH 调节剂、表面活性剂等配制而成。盐类的作用是调节射孔液的密度、暂时性地防止油气层中的黏土矿物水化膨胀分散造成水敏伤害;缓蚀剂的作用是降低盐水的腐蚀性;pH 调节剂的作用是调节清洁盐水的 pH 值,避免造成碱敏伤害;表面活性剂的作用是降低滤液的表面张力,有利于进入油气层的滤液返排,并清洗岩石孔隙中析出的有机垢,使用非离子活性剂可以减小造成乳化堵塞和润湿反转伤害的可能性。

无固相清洁盐水射孔液具有如下特点:

(1) 无人为加入的固相侵入伤害;

(2) 进入油气层的液相不会造成水敏伤害;

(3) 滤液黏度低,易返排;

(4) 需要经过精细过滤,对罐车、管线、井筒等循环线路的清洗要求高;

(5) 滤失量大,不宜用于严重漏失的油气层;

(6) 无机盐稳定黏土的时间短,不能防止后续施工过程中的水敏伤害;

(7) 清洁盐水黏度低,携屑能力差,清洗射孔孔眼的效果不好。

2) 阳离子聚合物黏土稳定剂射孔液

该类射孔液可以用清洁淡水或低矿化度盐水加阳离子聚合物黏土稳定剂配制而成,也可以在清洁盐水射孔液的基础上加入阳离子聚合物稳定剂配制而成。一般来说,对不需要加重的情况用前一种射孔液比较好,这类射孔液除了具有清洁盐水射孔液的优点外,还克服了清洁盐水稳定黏土时间短的缺点,对防止后续生产作业过程中的水敏伤害具有很好的作用。

3) 无固相聚合物盐水射孔液

这类射孔液是在无固相清洁盐水射孔液的基础上添加高分子聚合物配制而成的。

该类射孔液利用聚合物提高射孔液的黏度,以降低滤失速率和滤失量,提高清洗射孔孔眼的效果。使用该类射孔液时,长键高分子聚合物进入油气层时会被岩石表面吸附,从而减小孔喉有效直径,造成对油气层的伤害。一般不宜在低渗透油气层中使用,而适宜于在裂缝性或渗透率较高的孔隙性油气层中使用。

4)暂堵性聚合物射孔液

这类射孔液主要由基液、增黏剂和桥堵剂组成。基液一般为清水;增黏剂为对油气层伤害小的聚合物;桥堵剂为颗粒尺寸与油气层孔喉大小和分布相匹配的固相粉末,有酸溶性、水溶性和油溶性三种。对于必须酸化压裂才能投产的油气层可采用酸溶性桥堵剂;对于含水饱和度较大、产水量较多的油气层可采用水溶性桥堵剂;其他情况最好采用油溶性桥堵剂。这类射孔液是通过"暂堵"减少滤液和固相侵入油气层的量,从而达到保护油气层的目的。其最大优点是对循环线路的清洗要求低,对于缺水地区较为实用。

5)油基射孔液

油基射孔液可以是油包水型乳状液,或直接采用原油,或用柴油与添加剂配制而成。油基射孔液可避免油气层的水敏、盐敏伤害,但要防止油气层润湿反转、乳状液及沥青、石蜡的堵塞以及放火问题。油基射孔液价格较为昂贵,一般很少使用。

6)酸基射孔液

这类射孔液是由醋酸或稀盐酸与缓蚀剂等添加剂配制而成,利用醋酸、盐酸本身溶解岩石与杂质的能力,使射孔孔眼中的堵塞物以及孔眼周围的压实带得到一定的溶解,从而提高渗透率;酸中的阳离子具有防止水敏伤害的作用。

使用该类射孔液应注意酸液与岩石或地层流体反应生成物的沉淀和堵塞,以及设备、管线和井下管柱的防腐问题。一般不宜在酸敏性油气层以及 H_2S 含量高的油气层使用。

7)隐形酸完井液

隐形酸完井液利用酸来消除由于各种滤液不配伍而在储层深部产生的无机垢、有机垢沉淀;利用酸性介质防止无机垢、有机垢的形成;利用酸来消除酸溶性暂堵剂、有机处理剂对储层的堵塞和伤害;利用螯合剂来防止高价金属离子二次沉淀或结垢堵塞和对储层的伤害。

7.8　储层保护建议

　　针对不同区块的页岩层进行岩心分析、油气水分析和测试技术研究；根据储层的特点，进行油气层敏感性和工作液损害室内评价实验技术研究；针对某一具体区块的页岩储层，进行油气层损害机理研究和保护油气层技术系统方案设计；了解页岩气钻井过程中油气层损害因素和保护油气层技术；了解页岩气完井过程中油气层损害因素和保护油气层及解堵技术；了解页岩气油气田开发中的油气层损害因素和保护油气层技术；了解页岩气油气层损害和矿场评价技术；保护页岩气油气层总体效果评价和经济效益综合分析。上述八个方面内容构成一项配套系统工程，每项内容是独立的，但彼此又是相关联的；另外，很多技术我们现在主要还是通过研究和借鉴国外的先进经验，但切忌完全照搬。页岩储集层改造技术的应用始终不能脱离地质条件的约束，要针对页岩储集层特点优选压裂层位和施工工艺，才能取得比较好的开发效率和经济效益。

第8章

井眼轨迹
测量与控制

井眼轨迹控制是定向井钻井施工过程中非常重要的环节,它直接关系到钻井能否顺利中靶、能否顺利实现钻井目的。

钻井施工中影响井眼轨迹的因素主要有地质因素、钻具组合、井眼轨迹几何形状、钻井工艺参数等。地质因素包括岩石类型、强度、地层可钻性、地层自然倾斜等;钻具组合包括钻柱的刚性、稳定器的位置和数量、钻头类型等;井眼轨迹几何形状包括井眼直径、井斜角、井斜方位角等;钻井工艺参数包括转速、泵压、钻压等。

由于上述因素对井眼轨迹的影响非常复杂,无法用一个数学力学模型来完全反映井眼轨迹与上述因素之间的关系,现场施工时常常凭借施工人员的经验,并使用外推法进行施工。为了提高中靶率,在施工过程中就必须对钻头的前进方向及时进行控制。而实际井眼轨迹参数在地面上是无法进行测量的,只能通过井下专用仪器进行监测才能得到。

目前所用的井眼轨迹井下监测技术存在以下不足:(1)监测仪器必须安装在钻头后一段距离处,因此所测数据不是钻头处的数据;(2)不能进行连续监测;(3)监测数据的显示与监测不同步。由于施工过程中无法及时了解当前钻头的方向参数及待钻井眼的延伸趋势,这就要求工程技术人员根据井下监测仪器所测数据进行井眼轨迹预测并作出具体施工决策。

8.1 井眼轨迹测量

8.1.1 轨迹基本参数

井眼轨迹是通过测量不同井深处的井斜角和方位角,并通过一定的计算进行确定的。

井深 L 也称为斜深、测深,是井口至测点的井眼长度。井深通常以转盘面为测量基准。井斜角 α 是井眼轴线上某测点处的切线方向与垂直线之间的夹角。该切线向井眼前进方向延伸的部分称为井眼方向线,如图 8-1 所示。

井斜方位角 ϕ 是井眼方向线在水平面上的投影逆时针旋转到与正北方位线重合时所转过的角度,如图 8-2 所示。

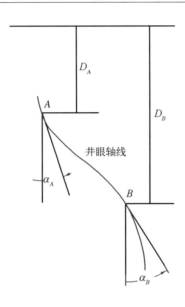

图8-1 井斜角示意

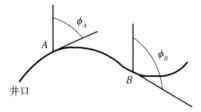

图8-2 井斜方位角示意

8.1.2 轨迹计算参数

由轨迹基本参数计算可以得到如下计算参数。

垂直深度 D 也称垂深,是井眼轨迹上某点至井口所在水平面的距离。水平投影长度 L_p 也称水平长度或平长,是井眼轨迹上某点至井口的长度在水平面上的投影,也就是井深在水平面上的投影长度,如图 8-3 所示。

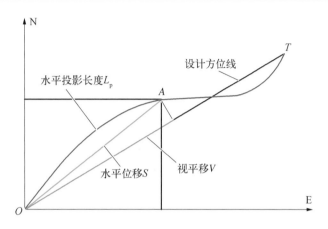

图8-3 井眼轨迹计算
参数示意

平移方位线是指水平面上井口至轨迹上某点之间的直线连线。

水平位移 S 是井眼轨迹上某点至井口所在垂直线的距离,也就是水平投影面上轨迹上某点至井口的直线距离,或平移方位线的长度,如图 8-3 所示。

平移方位角 θ 是指平移方位线所在的方位角,即平移方位线旋转到与正北方位线重合时所转过的角度;N 坐标是指南北坐标轴,以正北方向为正;E 坐标是指东西坐标轴,以正东方向为正;视平移 V 是指水平位移在设计方位线上的投影长度,如图 8-3 所示。

井眼曲率 K 是井眼轴线上两测点的切线之间的夹角 γ 与两测点之间斜深(测深) ΔL 的比值,即

$$K = \frac{\gamma}{\Delta L} \tag{8-1}$$

曲率半径 R 是井眼曲率的倒数,即

$$R = \frac{1}{K} = \frac{\Delta L}{\gamma} \tag{8-2}$$

8.1.3　井眼轨迹表示方法

井眼轨迹可以用三维坐标法、投影图示法、柱面图示法等来表示。

1. 三维坐标法

建立以转盘面井口 O 为中心、以垂深 D、N 坐标、E 坐标为坐标轴的直角坐标系。给出井眼轨迹上每一点的三维坐标,即可在该坐标系中作出井眼轨迹图。

借助辅助面,三维坐标法能形象直观地反映出井眼的形状和走向,但不能反映出真实的井身参数,且作图难度较大。

2. 投影图示法

用井眼轨迹在垂直投影面和水平投影面上的投影来表示井眼轨迹。

垂直投影面为过井口和目标点的垂直面;原点为井口,纵坐标为垂深 D,横坐标为视平移 V。

水平投影面为转盘面,原点为井口,坐标轴为 N 坐标和 E 坐标。

投影图示法的缺点是不能真实反映井深 L 和井斜角 α 等轨迹参数。

3. 柱面图示法

设想经过井眼轨迹上的每一点作垂直线,这些垂直线所构成的曲面称为柱面。将该柱面展开成一个平面,就得到了垂直剖面图。

所谓柱面图示法就是用垂直剖面图加上水平投影图来表示井眼轨迹。垂直剖面图的原点为井口,纵坐标为垂深 D,横坐标为平长 L_p。水平投影面为转盘面,原点为井口,坐标轴为 N 坐标和 E 坐标。柱面图示法所表示的井眼轨迹可以反映出真实的井身参数,如井深、井斜角、垂深等,且作图简便。

8.1.4　测斜方法与测斜仪

1. 测量参数

测量参数包括井深 L、井斜角 α、井斜方位角 ϕ。

2. 测斜仪分类

测斜仪包括罗盘类、电磁类和陀螺类三大类，具体分类如图8-4所示。

图8-4 测斜仪分类

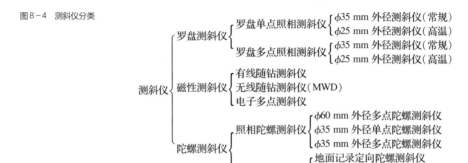

3. 测斜仪应用范围

测斜仪应用范围如表8-1所示。

4. 磁罗盘照相测斜仪工作原理

磁性照相测斜仪由井斜刻度盘、罗盘、十字摆锤、照明和照相系统等组成。罗盘的

表8-1 测斜仪应用范围

序号	仪器类型	应用范围		备注
1	罗盘单点、多点照相测斜仪	普通定向井，无邻井磁干扰的丛式井 φ35 mm 外径测斜仪：适应温度 <125℃ φ25 mm 外径测斜仪：适应温度 <182℃	定向测斜	与无磁钻铤配合使用
2	有线随钻测斜仪	较深的定向井、无邻井磁干扰的丛式井或大斜度井、水平井	定向	
3	无线随钻测斜仪	超深定向井、大斜度井、水平井或海洋钻井	定向测斜	
4	电子多点测斜仪	精度要求较高的定向井、无邻井磁干扰的 丛式井、大斜度井、水平井，或海洋钻井	定向测斜	
5	照相单点、多点陀螺测斜仪	已下套管的井眼中测斜，或在丛式井、套管开窗井	定向	
6	电子陀螺测斜仪	已下套管的井眼中	测斜	
		丛式井、套管开窗井	定向	

N 极始终指向地磁北极。

（1）井斜角的测量

十字摆锤始终指向重力线方向，当井眼为直井时，仪器的轴线方向与十字摆锤方向重合，夹角为零；当井眼偏离直线方向，仪器的轴线随着井眼倾斜，仪器的轴线（也就是井眼轨迹在该点处的切线方向）与十字摆锤之间形成一定的夹角，此夹角即为井斜角，通过照相系统摆锤在井斜刻度盘底片上成像，即可读取井斜角，如图 8-5 所示。

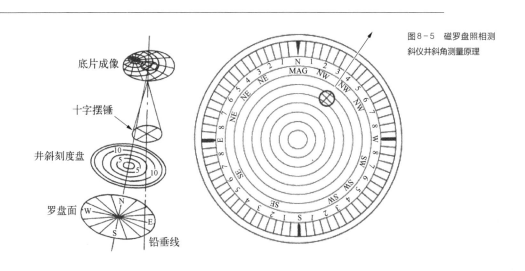

图8-5 磁罗盘照相测斜仪井斜角测量原理

（2）井斜方位角的测量

摆锤所在铅垂线与仪器轴线（井眼方向线）构成井斜铅垂面，该井斜铅垂面与水平面的交线就是井斜方位线。摆锤在罗盘面上的投影位置所在的放射线与罗盘 N 极之间的夹角即为井斜方位角，如图 8-5 所示。

注意：在井下，罗盘标志方位与实际地理方位是相反的。

井斜角和井斜方位角通过井下照相底片成像，起钻后在地面读取数据。

5. 光纤陀螺测斜仪原理

这类陀螺测斜仪测量方位的原理是利用高速旋转的陀螺转子所具有的定轴特性和进动特性相对测量钻孔的方位角。高速旋转的陀螺转子在下井测量之前，在地面对准一个参考方向启动，仪器下井后钻孔的方位变化引起了仪器轴向和陀螺转轴间的夹角变化,记录这个夹角的大小并进行校正,就可以指示出钻孔的方位大小。

陀螺测斜仪是一种不受地磁干扰和周围环境磁性影响的井眼轨迹测量仪器,主要用于对老井(套管井)的井身轨迹进行测量,以确定重新对其勘探开采的方案;在油井套管探伤及定向射孔时,确定仪器方位,常规的磁性定向仪器由于受到套管的磁场屏蔽响应,无法实现上述功能要求。

从结构和制造工艺上可将陀螺仪分为机械陀螺、光学陀螺、半导体陀螺。其中机械陀螺又有框架陀螺、动力调谐陀螺、液浮速率积分陀螺、静电陀螺等;光学陀螺主要有激光和光纤陀螺2种;半导体陀螺中最常见的是硅微陀螺。

这些陀螺中,静电陀螺制造难度极大,造价昂贵,只有最尖端武器系统才有采用,技术仅掌握在世界上少数几个国家中,故短期内不会应用于其他领域。硅微陀螺精度低、温漂大,虽然有良好的抗振性和理想的体积,也有人在做形成仪器的探讨,但受其本身技术发展水平的限制,现在多应用于动态摄像等反馈回路检测,相当一段时期内,不会有理想的测井产品出现。

目前所见到的测井用陀螺几乎涵盖了机械式陀螺仪的所有品种,包括框架陀螺、动力调谐陀螺、液浮速率积分陀螺等。

1)光纤陀螺仪

光纤陀螺测斜仪是一种不依赖地球磁场确定钻孔方位的测斜仪器。要做到不靠地球磁场来确定方位,只有两种办法,一是采用相对测量方位的原理。在地面对准一个已知方向,然后记录仪器下井过程中,仪器自转和沿着钻孔轨迹运动发生的所谓公转所转过的角度。老式的陀螺测斜仪和所谓的电子陀螺测斜仪采用的就是这种方法。仪器下井过程中所受到的震动、陀螺质心偏离支撑中心后受重力作用产生的转动力矩及地球自转等因素都会造成仪器方位测量的误差,一般称作方位的随机漂移和时间漂移。二是直接测量地球的自转角速度。地球自转角速度是方向和大小非常稳定的量,如果能测出这个角速度和钻孔走向的夹角就直接得到了钻孔的方位角。采用这种方法确定钻孔方位的测斜仪有时也被称为自寻北陀螺测斜仪。

2)随钻测斜仪

随钻测斜仪(MWD)可在钻进时实时将井下数据传输到地面。数据传输方式为泥浆脉冲方式。随钻测斜仪(MWD)常用于定向井、水平井、定向井段以及扭方位井段的钻进。

早期的随钻测斜仪只能在钻进时实时传输井下数据(包括井斜角、方位角、钻压、扭矩等),目前已经出现了测斜＋测井(LWD)方式、测斜＋测井＋井下自动导向方式。最先进的钻井方式是井下闭环地质导向系统。

8.2　井眼轨迹计算

8.2.1　井眼轨迹计算的目的

1. 计算依据

计算依据为测斜数据:井斜角 α、井斜方位角 ϕ、井深 L。

2. 计算内容

测段计算包括:垂深增量 ΔD、水平投影长度增量 ΔL_p、N 坐标增量 ΔN、E 坐标增量 ΔE、井眼曲率 K 等 5 项。

测点计算包括:垂深 D、水平投影长度 L_p、N 坐标、E 坐标、位移方位角 θ、视平移 V、水平位移 S 等 7 项。

3. 计算目的

(1)了解实钻轨迹与设计轨迹的偏差,用以指导施工;

(2)根据实钻井身形状进行固井、完井、试油、采油等设计;

(3)统计分析地层自然造斜规律、方位漂移规律以及工具能力;

(4)检测实钻井眼曲率。

8.2.2　井眼轨迹计算方法的多样性

到目前为止,井眼轨迹计算方法达 20 多种。计算方法的多样性源自井眼测段形状的不确定性。由于通过测量只能知道每个测段两端点的数据（井深、井斜角、井斜方位角），即知道井眼轨迹在此两个端点处的井眼方向，而两端点之间的井筒形状并不知道。在这种情况下要对测段进行计算可有不同的形状假设，从而导致了不同的计算方法；井筒形状的假设相同，对数据的处理方法不同，也会形成不同的计算方法；即使在现有计算方法的基础上进行一些简化或近似处理，也会形成新的计算方法。实际上，真正具有特色且有实用价值的方法只有7~8种。

我国钻井专业标准化委员会制定的标准规定，使用平均角法或校正平均角法。

8.2.3　对测斜计算数据的规定

对测斜计算数据做以下规定。

（1）测点编号。测斜自下而上进行，测点编号则自上而下。第一个井斜角不等于零的测点作为第 1 测点；

（2）第 0 测点。第 1 测点的井深大于 25 m 时，第 0 测点的井深比第 1 测点井深小 25 m，且井斜角规定为零。第 1 测点的井深小于或等于 25 m 时，规定第 0 测点的井深和井斜角均为零。

（3）测段编号。自上而下编号。第 $i-1$ 测点与第 i 测点之间的测段位为第 i 测段。

（4）如果井斜角 $\alpha_i = 0$，对第 i 测段，取井斜方位角 $\phi_i = \phi_{i-1}$；对第 $i+1$ 测段，取井斜方位角 $\phi_i = \phi_{i+1}$。

（5）在一个测段内，井斜方位角变化的绝对值不得超过 $180°$，因此：

当 $\phi_i - \phi_{i-1} > 180°$ 时，取 $\Delta\phi_i = \phi_i - \phi_{i-1} - 360°$，井斜方位角平均值 $\phi_c = (\phi_i + \phi_{i-1})/2 - 180°$；

当 $\phi_i - \phi_{i-1} < -180°$ 时，取 $\Delta\phi_i = \phi_i - \phi_{i-1} + 360°$，井斜方位角平均值 $\phi_c = (\phi_i + \phi_{i-1})/2 + 180°$。

（6）用于计算全井轨迹的计算数据必须是多点测斜仪测得的数据。

（7）对磁性测斜仪测得的方位角数据，需要根据当地当年的磁偏角进行校正。

8.2.4 　　　轨迹计算方法

1. 测段计算公式

先进行测段计算,计算出垂深增量 ΔD、水平投影长度增量 ΔL_p、N 坐标增量 ΔN、E 坐标增量 ΔE、井眼曲率 K 等 5 项。

2. 测点坐标值计算公式

在测段计算的基础上进行测点计算,参见图 8 - 6。不管采用哪种计算方法,测点计算所用公式都是一样的。

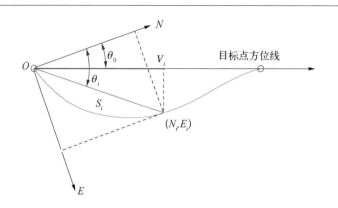

图8-6　测点坐标值计算参考

垂深计算公式:

$$D_i = D_{i-1} + \Delta D_i \tag{8-3}$$

水平长度计算公式:

$$L_{pi} = L_{pi-1} + \Delta L_{pi} \tag{8-4}$$

N 坐标值计算公式:

$$N_i = N_{i-1} + \Delta N_i \tag{8-5}$$

E 坐标值计算公式:

$$E_i = E_{i-1} + \Delta E_i \tag{8-6}$$

水平位移计算公式:

$$S_i = \sqrt{N_i^2 + E_i^2} \tag{8-7}$$

位移方位角计算公式:

$$\theta_i = \arctan\left(\frac{E_i}{N_i}\right) \qquad 当 N_i > 0 \qquad (8-8)$$

$$\theta_i = \arctan\left(\frac{E_i}{N_i}\right) + 180° \qquad 当 N_i < 0 \qquad (8-9)$$

视平移计算公式:

$$V_i = S_i \cos(\theta_0 - \theta_i) \qquad (8-10)$$

其中,$i = 1, 2, \cdots, n$;θ_0 为设计方位角。

3. 正切法

正切法又称下切点法、下点切线法。该方法是所有方法中最简单的方法,但计算误差也是最大的。

正切法假设:测段为一条直线,方向与下测点井眼方向一致。

正切法计算示意如图8-7所示,测段计算公式如下。

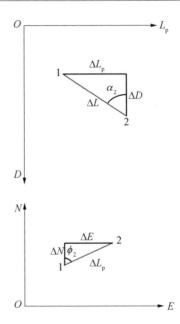

图8-7　正切法计算示意

$$\begin{cases} \Delta D = \Delta L \cos \alpha_2 \\ \Delta L_p = \Delta L \sin \alpha_2 \\ \Delta N = \Delta L \sin \alpha_2 \cos \phi_2 \\ \Delta E = \Delta L \sin \alpha_2 \sin \phi_2 \end{cases} \tag{8-11}$$

4. 平均角法

平均角法又称角平均法。

平均角法假设：测段为一直线，其方向的井斜角和方位角分别为上、下两测点的平均井斜角和平均方位角。

平均角法计算示意如图 8-8 所示，测段计算公式如下。

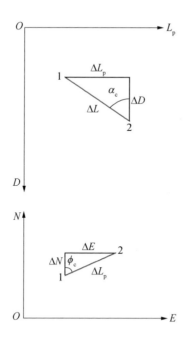

图 8-8 平均角法计算示意

$$\begin{cases} \Delta D = \Delta L \cos \alpha_c \\ \Delta L_p = \Delta L \sin \alpha_c \\ \Delta N = \Delta L \sin \alpha_c \cos \phi_c \\ \Delta E = \Delta L \sin \alpha_c \sin \phi_c \\ \alpha_c = (\alpha_1 + \alpha_2)/2 \\ \phi_c = (\phi_1 + \phi_2)/2 \end{cases} \qquad (8-12)$$

5. 平衡正切法

平均正切法假设：一个测段由两段组成,每段等于测段长度的一半,方向分别为上、下两测点的井眼方向。

平均正切法计算示意如图8-9所示,测段计算公式如下。

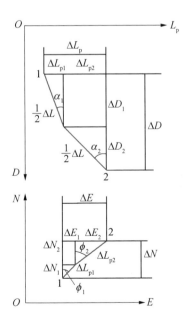

图8-9 平衡正切法
计算示意

$$
\begin{cases}
\Delta D = \dfrac{1}{2}\Delta L(\cos\alpha_1 + \cos\alpha_2) \\[2mm]
\Delta L_p = \dfrac{1}{2}\Delta L(\sin\alpha_1 + \sin\alpha_2) \\[2mm]
\Delta N = \dfrac{1}{2}\Delta L(\sin\alpha_1\cos\phi_1 + \sin\alpha_2\cos\phi_2) \\[2mm]
\Delta E = \dfrac{1}{2}\Delta L(\sin\alpha_1\sin\phi_1 + \sin\alpha_2\sin\phi_2)
\end{cases}
\tag{8-13}
$$

6. 圆柱螺线法

圆柱螺线法也称曲率半径法。

曲率半径法假设:测段为一圆滑曲线,该曲线与上、下二测点处的井眼方向相切,测段形状是一条"空间曲线",是"特殊曲线",是球或圆的一部分,即是圆弧。

1975 年,我国郑基英教授提出圆柱螺线法假设:两测点间的测段是一条等变螺旋角的圆柱螺线,螺线在两端点处与上、下二测点处的井眼方向相切。圆柱螺线的水平投影图是圆弧,垂直剖面图也正好是圆弧。这样就与曲率半径法推导公式的假设条件完全相同。

圆柱螺线法的公式表达形式与曲率半径法不同,但公式实质上是相同的。

曲率半径法计算示意如图 8-10 所示,测段计算公式如下。

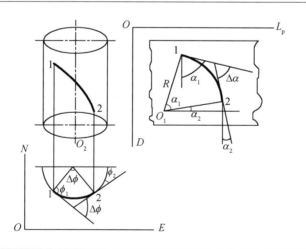

图 8-10 圆柱螺线法(曲率半径法)计算示意

$$
\begin{cases}
\Delta D = \dfrac{\Delta L(\sin\alpha_2 - \sin\alpha_1)}{\Delta\alpha} \\[2mm]
\Delta L_{\mathrm{p}} = \dfrac{\Delta L(\cos\alpha_1 - \cos\alpha_2)}{\Delta\alpha} \\[2mm]
\Delta N = \dfrac{\Delta L(\cos\alpha_1 - \cos\alpha_2)(\sin\phi_2 - \sin\phi_1)}{\Delta\alpha \cdot \Delta\phi} \\[2mm]
\Delta E = \dfrac{\Delta L(\cos\alpha_1 - \cos\alpha_2)(\cos\phi_1 - \cos\phi_2)}{\Delta\alpha \cdot \Delta\phi}
\end{cases}
\tag{8-14}
$$

圆柱螺线法计算示意如图 8 - 10 所示,测段计算公式如下:

$$
\begin{cases}
\Delta D = \dfrac{\Delta L \cdot 2\sin\dfrac{\Delta\alpha}{2}\cos\alpha_c}{\Delta\alpha} \\[4mm]
\Delta L_{\mathrm{p}} = \dfrac{\Delta L \cdot 2\sin\dfrac{\Delta\alpha}{2}\sin\alpha_c}{\Delta\alpha} \\[4mm]
\Delta N = \dfrac{\Delta L \cdot 4\sin\dfrac{\Delta\alpha}{2}\sin\dfrac{\Delta\phi}{2}\sin\alpha_c\cos\phi_c}{\Delta\alpha \cdot \Delta\phi} \\[4mm]
\Delta E = \dfrac{\Delta L \cdot 4\sin\dfrac{\Delta\alpha}{2}\sin\dfrac{\Delta\phi}{2}\sin\alpha_c\sin\phi_c}{\Delta\alpha \cdot \Delta\phi}
\end{cases}
\tag{8-15}
$$

圆柱螺线法(曲率半径法)有一些情况需要做特殊处理。

第一种情况　当 $\alpha_2 = \alpha_1$, $\phi_2 \neq \phi_1$,即 $\Delta\alpha = 0$, $\Delta\phi \neq 0$ 时:

$$
\begin{cases}
\Delta D = \Delta L\cos\alpha_2 \\[2mm]
\Delta L_{\mathrm{p}} = \Delta L\sin\alpha_2 \\[2mm]
\Delta N = \Delta L\sin\alpha_2 \dfrac{2\sin\dfrac{\Delta\phi}{2}\cos\phi_c}{\Delta\phi} \\[4mm]
\Delta E = \Delta L\sin\alpha_2 \dfrac{2\sin\dfrac{\Delta\phi}{2}\sin\phi_c}{\Delta\phi}
\end{cases}
\tag{8-16}
$$

第二种情况 当 $\alpha_2 \neq \alpha_1$, $\phi_2 = \phi_1$, 即 $\Delta\alpha \neq 0$, $\Delta\phi = 0$ 时:

$$
\begin{cases}
\Delta D = \dfrac{\Delta L \cdot 2\sin\dfrac{\Delta\alpha}{2}\cos\alpha_c}{\Delta\alpha} \\[4mm]
\Delta L_p = \dfrac{\Delta L \cdot 2\sin\dfrac{\Delta\alpha}{2}\sin\alpha_c}{\Delta\alpha} \\[4mm]
\Delta N = \dfrac{\Delta L \cdot 2\sin\dfrac{\Delta\alpha}{2}\sin\alpha_c}{\Delta\alpha}\cos\phi_2 \\[4mm]
\Delta E = \dfrac{\Delta L \cdot 2\sin\dfrac{\Delta\alpha}{2}\sin\alpha_c}{\Delta\alpha}\sin\phi_2
\end{cases}
\tag{8-17}
$$

第三种情况 当 $\alpha_2 = \alpha_1$, $\phi_2 = \phi_1$, 即 $\Delta\alpha = 0$, $\Delta\phi = 0$ 时:

$$
\begin{cases}
\Delta D = \Delta L\cos\alpha_2 \\[2mm]
\Delta L_p = \Delta L\sin\alpha_2 \\[2mm]
\Delta N = \Delta L\sin\alpha_2\cos\phi_2 \\[2mm]
\Delta E = \Delta L\sin\alpha_2\sin\phi_2
\end{cases}
\tag{8-18}
$$

7. 校正平均角法

三角函数 $\sin x$ 的麦克劳林无穷级数形式为

$$
\sin x = x - \frac{x^3}{3!} + \frac{x^5}{5!} - \frac{x^7}{7!} + \frac{x^9}{9!} - \cdots
\tag{8-19}
$$

此级数收敛很快,因此可以近似取前两项,即

$$
\sin x = x - \frac{x^3}{3!} = x - \frac{x^3}{6}
\tag{8-20}
$$

将式(8-20)代入圆柱螺线法的计算公式中,可以得到:

$$\begin{cases} \sin\dfrac{\Delta\alpha}{2} = \dfrac{\Delta\alpha}{2}\left(1 - \dfrac{\Delta\alpha^2}{24}\right) \\[4mm] \sin\dfrac{\Delta\phi}{2} = \dfrac{\Delta\phi}{2}\left(1 - \dfrac{\Delta\phi^2}{24}\right) \end{cases} \tag{8-21}$$

将式(8-21)代入圆柱螺线法公式中,得到校正平均角法计算公式:

$$\begin{cases} \Delta D = \left(1 - \dfrac{\Delta\alpha^2}{24}\right)\Delta L\cos\alpha_c \\[4mm] \Delta L_p = \left(1 - \dfrac{\Delta\alpha^2}{24}\right)\Delta L\sin\alpha_c \\[4mm] \Delta N = \left(1 - \dfrac{\Delta\alpha^2 + \Delta\phi^2}{24}\right)\Delta L\sin\alpha_c\cos\phi_c \\[4mm] \Delta E = \left(1 - \dfrac{\Delta\alpha^2 + \Delta\phi^2}{24}\right)\Delta L\sin\alpha_c\sin\phi_c \end{cases} \tag{8-22}$$

与平均角法计算公式对比发现,公式的形式相同,只是校正平均角法的计算公式中多了两个系数:$\left(1 - \dfrac{\Delta\alpha^2}{24}\right)$、$\left(1 - \dfrac{\Delta\alpha^2 + \Delta\phi^2}{24}\right)$,可以看成是对平均角法的校正系数。

校正平均角法具有以下优点:

(1)校正平均角法是从圆柱螺线法公式经过简化推导而来的,其计算精度几乎与圆柱螺线法相同;

(2)校正平均角法简单实用,不存在圆柱螺线法中特殊情况的处理问题;

(3)当校正系数等于1时,公式成为平均角法公式。

因此,我国定向井标准化委员会规定,当使用电算进行测斜计算时,要使用校正平均角法。

8. 最小曲率法

最小曲率法假设:两测点间的井段是一段平面上的圆弧,圆弧在两端点处与上、下两测点处的井眼方向相切。一般来说,当测段是一段圆弧时,它在垂直剖面图和水平投影图上不是圆弧。

最小曲率法计算示意图如图8-11所示,测段计算公式如下。

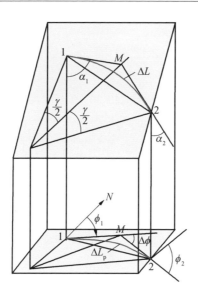

图8-11 最小曲率
法计算示意

$$
\begin{cases}
\Delta D = \dfrac{\Delta L}{\gamma}\tan\dfrac{\gamma}{2}(\cos\alpha_1 + \cos\alpha_2) \\[3mm]
\Delta L_{\mathrm{p}}' = \dfrac{\Delta L}{\gamma}\tan\dfrac{\gamma}{2}(\sin\alpha_1 + \sin\alpha_2) \\[3mm]
\Delta N = \dfrac{\Delta L}{\gamma}\tan\dfrac{\gamma}{2}(\sin\alpha_1\cos\phi_1 + \sin\alpha_2\cos\phi_2) \\[3mm]
\Delta E = \dfrac{\Delta L}{\gamma}\tan\dfrac{\gamma}{2}(\sin\alpha_1\sin\phi_1 + \sin\alpha_2\sin\phi_2)
\end{cases}
\tag{8-23}
$$

水平投影长度的近似公式为

$$
\Delta L_{\mathrm{p}} \approx \Delta L_{\mathrm{p}}' \frac{\Delta\phi}{2\tan(\Delta\phi/2)}
\tag{8-24}
$$

9. 弦步法

弦步法假设相邻两测点之间的井眼轴线为空间一平面上的圆弧曲线。弦步法认为,由于钻柱或电缆被尽可能拉直,所以钻柱或电缆的轴线并不完全与井眼轴线重合,而是近似地与圆弧形井眼轴线的弦重合,实际测井时并不能测出这个圆弧的长度,而

图8-12 弦步法计
算示意

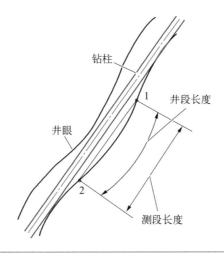

钻柱

井眼

1

井段长度

2

测段长度

是这段圆弧的弦的长度,如图8-12所示,测段计算公式如下。

$$\begin{cases} \cos\gamma = \cos\alpha_1\cos\alpha_2 + \sin\phi_1\sin\phi_2\cos\Delta\phi \\[2mm] \Delta D = \dfrac{\Delta L}{2\cos\dfrac{\gamma}{2}}(\cos\alpha_1 + \cos\alpha_2) \\[4mm] \Delta L'_p = \dfrac{\Delta L}{2\cos\dfrac{\gamma}{2}}(\sin\alpha_1 + \sin\alpha_2) \\[4mm] \Delta N = \dfrac{\Delta L}{2\cos\dfrac{\gamma}{2}}(\sin\alpha_1\cos\phi_1 + \sin\alpha_2\cos\phi_2) \\[4mm] \Delta E = \dfrac{\Delta L}{2\cos\dfrac{\gamma}{2}}(\sin\alpha_1\sin\phi_1 + \sin\alpha_2\sin\phi_2) \end{cases} \qquad (8-25)$$

10. 测斜计算方法的对比及选用

上述七种方法可分为三类:

(1)直线法——正切法、平均角法;

(2)折线法——平衡正切法;

(3)曲线法——圆柱螺线法(曲率半径)、校正平均角法、最小曲率法、弦步法。

计算法选用原则：曲线法优于直线法和折线法；手算采用平均角法（国外手算多采用平衡正切法），电算采用曲线法；使用井下动力钻具钻出的井眼用最小曲率法（采用恒工具面模式扭方位过程中，工具面所在斜平面的倾角和倾向始终保持不变，井眼轴线趋向于空间斜面圆弧）；使用转盘钻钻出的井眼用圆柱螺线法（由于钻柱和钻头顺时针旋转，井眼轴线趋向于柱面螺旋线）。

我国钻井专业标准化委员会规定：手算用平均角法，电算用校正平均角法。

要提高井眼轨迹测斜计算的准确性，除了选择合适的计算方法外，还可以采取以下措施。

(1) 提高测斜资料的精度；

(2) 使用精度较高的测斜仪器；

(3) 尽可能使测斜仪器的轴线与井眼轴线相平行；

(4) 适当加密测点，缩短测段长度。

8.2.5　定向井中靶计算

定向井轨道设计确定的钻达目标点称为靶点。一口定向井可以有一个或多个目标点，只有一个目标点的定向井称为单目标井，具有两个或两个以上目标点的定向井称为多目标井。目标点的连线构成靶段，两个目标点的定向井采用直线靶段，三个及以上目标点的定向井采用曲线靶段。

以目标点位靶心确定一个平面范围成为靶面。靶面在水平面上称为水平靶，水平靶的控制参数是靶区半径 R。对多水平靶定向井，各靶区可以具有不同的控制半径。靶面在垂直面上称为垂直靶，垂直靶靶面是一个以靶点为中心的矩形平面，其控制参数是靶区的高度和宽度。垂直靶是水平井的重要特点之一，而且水平井的设计方位线与垂直靶平面相垂直。

1. 水平靶中靶计算

已知靶心点 t 的坐标 (D_t, N_t, E_t)（靶心点的垂深、北向坐标、东向坐标）和实际井眼轨迹。参见图 8-13，实际中靶点 p 的水平坐标 (N_p, E_p) 和靶心距 J 计算如下。

图 8 - 13 水平靶中
靶计算示意

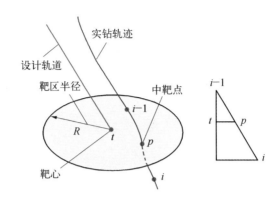

$$\begin{cases} N_p = N_i - \dfrac{\Delta N_i}{\Delta D_i}(D_i - D_t) \\[2mm] E_p = E_i - \dfrac{\Delta E_i}{\Delta D_i}(D_i - D_t) \\[2mm] J = \sqrt{(N_t - N_p)^2 + (E_t - E_p)^2} \end{cases} \qquad (8-26)$$

2. 垂直靶中靶计算

已知靶心点 t 的坐标 (D_t, N_t, E_t)（靶心点的垂深、北向坐标、东向坐标）及其井斜

角 α_t、方位角 ϕ_t，以及实际井眼轨迹。

参见图 8 - 14，实际中靶点 p 与靶心点 t 均位于垂直靶平面上，所以 p 点的视平移

图 8 - 14 垂直靶中
靶计算示意

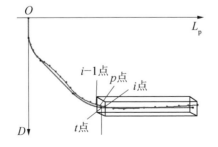

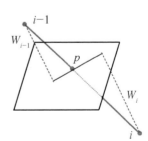

与 t 点的设计水平位移相等, 即 $V_P = S_t$。实际中靶点 p 的垂深 D_p、水平坐标 (N_p, E_p) 和靶心的纵偏距 J_D、横偏距 J_S 和靶心距 J 计算如下。

$$
\begin{cases}
D_p = D_{i-1} + \dfrac{W_{i-1}}{W_{i-1} + W_i}(D_i - D_{i-1}) \\[2mm]
N_p = N_{i-1} + \dfrac{W_{i-1}}{W_{i-1} + W_i}(N_i - N_{i-1}) \\[2mm]
E_p = N_{i-1} + \dfrac{W_{i-1}}{W_{i-1} + W_i}(E_i - E_{i-1}) \\[2mm]
W_{i-1} = \cos\alpha_t(D_t - D_{i-1}) + \sin\alpha_t\cos\phi_t(N_t - N_{i-1}) + \sin\alpha_t\sin\phi_t(E_t - E_{i-1}) \\[1mm]
W_i = \cos\alpha_t(D_i - D_t) + \sin\alpha_t\cos\phi_t(N_i - N_t) + \sin\alpha_t\sin\phi_t(E_i - E_t) \\[1mm]
J_D = D_t - D_p \\[1mm]
J_S = \sqrt{(N_t - N_p)^2 + (E_t - E_p)^2} \\[1mm]
J = \sqrt{J_D{}^2 + J_S{}^2} = \sqrt{(D_t - D_p)^2 + (N_t - N_p)^2 + (E_t - E_p)^2}
\end{cases}
$$

$$(8-27)$$

8.3   井眼轨迹预测方法

8.3.1   井眼轨迹预测的外推法

外推法是根据目前的井眼轨迹发展变化规律和趋势预测未知井眼轨迹的方法。

外推法具有以下作用: (1) 对于已经钻成的定向井井眼, 受测量仪器安装位置的限制, 无法测量井底附近的一段井眼参数, 需要将井眼外推到井底, 以便进行中靶扫描和丛式井防碰扫描计算; (2) 对于即将完钻的定向井, 需要按照目前的井眼方向对井眼轨迹进行预测, 以保证顺利中靶; (3) 对于已经严重偏离设计轨迹的定向井, 需要根据当前井眼方向重新设计待钻轨道,确保中靶。

外推法主要适用于井内钻具组合没有更换、钻进方式和条件没有改变时井眼轨迹预测。

井眼轨迹外推有三种方式:(1)定方向外推,即按当前井底方向进行轨迹外推;(2)定曲率外推,即按当前井底井眼曲率进行轨迹外推;(3)定目标外推,即从当前井底到给定目标进行轨迹外推。

主要方法有:(1)自然参数曲线外推法;(2)圆柱螺线外推法;(3)斜面圆弧外推法;(4)恒装置角曲线外推法等。

1. 自然参数曲线外推法

自然参数曲线外推法认为已钻井眼的轨迹变化规律是井斜变化率和方位变化率均保持常数,并且这种趋势还将保持下去。

自然参数曲线外推法主要适用于存在方位漂移井段的井眼轨迹预测。自然参数曲线外推法的关键是:如何获取井斜变化率和方位变化率?井斜变化率和方位变化率确定后如何预测轨道?

(1)计算井斜变化率和方位变化率

分别计算出最近 $1 \sim 3$ 个测段内井斜变化率 K_{α_i} 和方位变化率 K_{ϕ_i},然后取其算术平均值作为预测用的井斜及方位变化率。

$$\begin{cases} K_{\alpha_i} = \dfrac{\Delta\alpha_i}{L_i - L_{i-1}} \\[2mm] K_{\phi_i} = \dfrac{\Delta\phi_i}{L_i - L_{i-1}} \\[2mm] K_{\alpha} = \dfrac{1}{m}\sum\limits_{i=1}^{m} K_{\alpha_i} \quad m = 1,2,3 \\[2mm] K_{\phi} = \dfrac{1}{m}\sum\limits_{i=1}^{m} K_{\phi_i} \quad m = 1,2,3 \end{cases} \quad (8-28)$$

(2)根据井斜及方位变化率预测井眼轨迹

相关计算公式如下:

$$
\begin{cases}
L_j = L_b + \Delta L_j \\
\alpha_j = \alpha_b + K_\alpha \Delta L_j \\
\phi_j = \phi_b + K_\phi \Delta L_j \\
D_j = D_b + \dfrac{\sin \alpha_j - \sin \alpha_b}{K_\alpha} \\
L_{p_j} = L_{p_b} + \dfrac{\cos \alpha_b - \cos \alpha_j}{K_\alpha} \\
N_j = N_b + \dfrac{\cos(\alpha_b + \phi_b) - \cos(\alpha_j + \phi_j)}{2(K_\alpha + K_\phi)} - \dfrac{\cos(\alpha_b - \phi_b) - \cos(\alpha_j - \phi_j)}{2(K_\alpha - K_\phi)} \\
E_j = E_b + \dfrac{\sin(\alpha_j - \phi_j) - \sin(\alpha_b - \phi_b)}{2(K_\alpha - K_\phi)} - \dfrac{\sin(\alpha_j + \phi_j) - \sin(\alpha_b + \phi_b)}{2(K_\alpha + K_\phi)}
\end{cases}
$$

$$(8-29)$$

式中,点 b 为当前井底;点 j 为预测点;ΔL_j 为预测点到当前井底的距离。

2. 圆柱螺线外推法

虽然圆柱螺线的曲率是变化的,但其在垂直剖面图和水平投影图上的曲率都是常数,因此,圆柱螺线外推法属于定曲率外推法的一种。

圆柱螺线外推法的基本观点认为:已钻井眼轨迹是一条等变螺旋角的圆柱螺线,即在垂直剖面图和水平投影图上均为圆弧,并且这种趋势还将保持下去。

(1) 计算井眼轨迹曲率 K_H 和 K_A

K_H 是垂直剖面图上的井眼轨迹曲率,K_A 是水平投影图上的井眼轨迹曲率。

分别计算出最近 $1 \sim 3$ 个测段内 K_H 和 K_A,然后取其算术平均值作为预测用的 K_H 和 K_A。

$$
\begin{cases}
K_{H_i} = \dfrac{\Delta \alpha_i}{\Delta L_i} = \dfrac{\Delta \alpha_i}{L_i - L_{i-1}} = K_{\alpha_i} \\
K_{A_i} = \dfrac{\Delta \phi_i}{\Delta L_{p_i}} = \dfrac{\Delta \phi_i}{\Delta L_i \sin \alpha_i} = \dfrac{K_{H_i} \cdot \Delta \phi_i}{\Delta \alpha_i \sin \alpha_i} = \dfrac{K_{H_i} \cdot \Delta \phi_i}{-\Delta(\cos \alpha_i)} = \dfrac{K_{H_i} \cdot \Delta \phi_i}{\cos \alpha_{i-1} - \cos \alpha_i} \\
K_H = \dfrac{1}{m} \sum_{i=1}^{m} K_{H_i} \qquad m = 1,2,3 \\
K_A = \dfrac{1}{m} \sum_{i=1}^{m} K_{A_i} \qquad m = 1,2,3
\end{cases}
$$

$$(8-30)$$

参见图 8 - 15,垂直剖面图上的井眼轨迹曲率 K_H,曲率半径为 R;水平投影图上的井眼轨迹曲率 K_A,曲率半径为 r。

图 8 - 15 圆柱螺线外推法计算示意

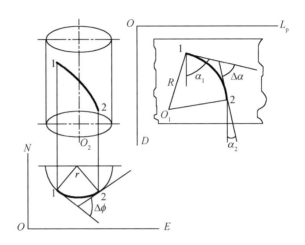

$$\left\{\begin{array}{l} R = \dfrac{\Delta L_i}{\Delta \alpha_i} = \dfrac{1}{K_{H_i}} \\[3mm] r = \dfrac{\Delta L_{p_i}}{\Delta \phi_i} = \dfrac{1}{K_{A_i}} \\[3mm] K_{A_i} = \dfrac{K_{H_i} \cdot \Delta \phi_i}{\cos \alpha_{i-1} - \cos \alpha_i} = \dfrac{\Delta \alpha_i \cdot \Delta \phi_i}{\Delta L_i(\cos \alpha_{i-1} - \cos \alpha_i)} \\[3mm] K_{\phi_i} = \dfrac{\Delta \phi_i}{\Delta L_i} = \dfrac{\Delta \phi_i}{\Delta L_{p_i}/\sin \alpha_i} = K_{A_i} \sin \alpha_i \end{array}\right. \qquad (8-31)$$

（2）根据 K_H 和 K_A 预测井眼轨迹

相关计算公式如下：

$$\begin{cases} L_j = L_b + \Delta L_j \\[2mm] \alpha_j = \alpha_b + K_\alpha \Delta L_j = \alpha_b + K_H \Delta L_j \\[2mm] \phi_j = \phi_b + \dfrac{K_A}{K_H}(\cos\alpha_b - \cos\alpha_j) \\[2mm] D_j = D_b + \dfrac{\sin\alpha_j - \sin\alpha_b}{K_H} \\[2mm] L_{p_j} = L_{p_b} + \dfrac{\cos\alpha_b - \cos\alpha_j}{K_H} \\[2mm] N_j = N_b + \dfrac{\sin\phi_j - \sin\phi_b}{K_A} \\[2mm] E_j = E_b + \dfrac{\cos\phi_b - \cos\phi_j}{K_A} \end{cases} \qquad (8-32)$$

式中,点 b 为当前井底;点 j 为预测点;ΔL_j 为预测点到当前井底的距离。

3. 斜面圆弧外推法

（1）计算圆弧面的曲率 K

$$\begin{cases} K_{H_i} = \dfrac{\Delta\gamma_i}{L_i - L_{i-1}} \\[2mm] \Delta\gamma_i = \arccos(\cos\alpha_{i-1}\cos\alpha_i + \sin\alpha_{i-1}\sin\alpha_i\cos\phi_i) \\[2mm] K = \dfrac{1}{m}\sum_{i=1}^{m} K_i \qquad m = 1,2,3 \end{cases} \qquad (8-33)$$

（2）根据 K 预测井眼轨迹

如图 8-16 所示,点 b 为当前井底;点 j 为预测点,预测点的狗腿度为 $\Delta\gamma_j$。

给定外推井段长度 ΔL_j,可计算相关参数:

图8－16　斜面圆弧
外推法计算示意

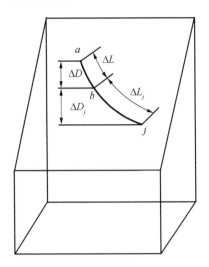

$$\begin{cases} L_j = L_b + \Delta L_j \\[2mm] \Delta\gamma_j = K\Delta L_j \\[2mm] \alpha_j = \arccos(\cos\alpha_b\cos\Delta\gamma_j - \sin\alpha_b\cos\omega\sin\Delta\gamma_j) \\[2mm] \phi_j = \phi_b + \operatorname{sgn}(\omega)\arccos\left(\dfrac{\cos\Delta\gamma_j - \cos\alpha_b\cos\alpha_j}{\sin\alpha_b\sin\alpha_j}\right) \\[3mm] D_j = D_b + \dfrac{\tan\dfrac{\Delta\gamma_j}{2}(\cos\alpha_b + \cos\alpha_j)}{K} \\[3mm] L_{pj} = L_{pb} + \left[\tan\dfrac{\Delta\gamma_j}{2}(\sin\alpha_b + \sin\alpha_j)/K\right]\left[\dfrac{\phi_j}{2}/\tan\dfrac{\phi_j}{2}\right] \\[3mm] N_j = N_b + \dfrac{\tan\dfrac{\Delta\gamma_j}{2}(\sin\alpha_b\cos\phi_b + \sin\alpha_j\cos\phi_j)}{K} \\[3mm] E_j = E_b + \dfrac{\tan\dfrac{\Delta\gamma_j}{2}(\sin\alpha_b\sin\phi_b + \sin\alpha_j\sin\phi_j)}{K} \end{cases} \qquad (8-34)$$

式中，$\Delta\gamma_i = K\Delta L_j$。

4. 恒装置角曲线外推法

恒装置角曲线外推法的基本观点认为：已钻井眼的轨迹是一条井眼曲率不变、装置角恒定的曲线(即恒装置角曲线)，并且将来的轨道仍然在该曲线上。

恒装置角曲线外推法的适用范围：保持装置角恒定时动力钻具定向钻进井段的井眼轨迹预测(随钻定向或扭方位井段)。

恒装置角曲线外推法的关键是获取恒装置角曲线的曲率及其装置角，并以此曲率和装置角预测轨迹。

(1) 计算恒装置角曲线的曲率 K 和装置角 ω

恒装置角曲线的两个特征参数是曲线的曲率 K 及其装置角 ω，且在曲线的任意点上，这两个参数都保持恒定，因此可以通过计算最近 1~3 个测段内曲率 K 和装置角 ω，然后取其平均值作为预测用的 K 和 ω。

$$
\begin{cases}
K_i = \dfrac{\Delta\gamma_i}{L_i - L_{i-1}} \\[3mm]
\Delta\gamma_i = \sqrt{\Delta\alpha_i^2 + \Delta\phi_i^2\sin^2\alpha_i} \\[3mm]
\omega_i = \mathrm{sgn}(\Delta\phi_i)\arccos\left[\dfrac{\Delta\alpha_i}{\Delta\gamma_i}\right] = \mathrm{sgn}(\Delta\phi_i)\arccos\left[\dfrac{\Delta\alpha_i}{\sqrt{\Delta\alpha_i^2 + \Delta\phi_i^2\sin^2\alpha_i}}\right] \\[3mm]
K = \dfrac{1}{m}\sum_{i=1}^{m} K_i \quad m = 1,2,3 \\[3mm]
\omega = \dfrac{1}{m}\sum_{i=1}^{m} \omega_i \quad m = 1,2,3
\end{cases}
\tag{8-35}
$$

还可以得到：
$$
\begin{cases}
K_\alpha = \dfrac{\Delta\alpha_i}{\Delta L_i} = \dfrac{\Delta\gamma_i\cos\omega_i}{\Delta L_i} = K_i\cos\omega_i \\[3mm]
K_\phi = \dfrac{\Delta\phi_i}{\Delta L_i} = \dfrac{\sqrt{\Delta\gamma_i^2 - \Delta\alpha_i^2}}{\Delta L_i\sin\alpha_i} = \dfrac{K_i\sin\omega_i}{\sin\alpha_i}
\end{cases}
\tag{8-36}
$$

(2) 根据 K 和 ω 预测井眼轨迹

$$\begin{cases} L_j = L_b + \Delta L_j \\[2mm] \alpha_j = \alpha_b + K\cos\omega\,\Delta L_j \\[2mm] \phi_j = \phi_b + \tan\omega\,\ln\left[\dfrac{\tan(\alpha_j/2)}{\tan(\alpha_b/2)}\right] \\[2mm] D_j = D_b + (\sin\alpha_j - \sin\alpha_b)/(K\cos\omega) \\[2mm] L_{\mathrm{p}_j} = L_{\mathrm{p}_b} + \dfrac{\cos\alpha_b - \cos\alpha_j}{K\cos\omega} \\[4mm] N_j = N_b + \dfrac{\displaystyle\int_{\alpha_b}^{\alpha_j}\sin\alpha\cos\left\{\phi_b + \tan\omega\,\ln\left[\dfrac{\tan(\alpha_j/2)}{\tan(\alpha_b/2)}\right]\right\}\mathrm{d}\alpha}{K\cos\omega} \\[6mm] E_j = E_b + \displaystyle\int_{\alpha_b}^{\alpha_j}\sin\alpha\sin\left\{\phi_b + \tan\omega\,\ln\left[\dfrac{\tan(\alpha_j/2)}{\tan(\alpha_b/2)}\right]\right\}\Big/ (K\cos\omega)\,\mathrm{d}\alpha \end{cases}$$

$$(8-37)$$

式中,点 b 为当前井底;点 j 为预测点;ΔL_j 为预测点到当前井底的距离。

5. 几种方法的比较

上述几种方法在井斜角变化率、方位角变化率和井眼曲率三个参数上的比较见表 8-2。

表 8-2 几种井眼轨迹预测方法的比较

预测方法	井斜角变化率	方位角变化率	井眼曲率
自然参数曲线法	K_α 恒定	K_ϕ 恒定	$K = \sqrt{K_\alpha^2 + (K_\phi\sin\alpha)^2}$
圆柱螺线法	$K_\alpha = K_H$	$K_\phi = K_A\sin\alpha$	$K = \sqrt{K_H^2 + [K_A(\sin\alpha)^2]^2}$
恒装置角曲线法	$K_\alpha = K\cos\omega$	$K_\phi = K\sin\omega/\sin\alpha$	K 恒定
斜面圆弧法			K 恒定

8.3.2 工具造斜率的预测方法

工具造斜率是指某种工具钻出的井眼曲率大小。

1. 测斜数据反算法

测斜数据反算法是根据实钻轨迹数据反算出工具的造斜率。适用测斜数据反算法得到的造斜率只能用于具有相同底部钻具组合，且钻进方式和条件基本不变的井眼轨迹预测。

利用测斜数据反算工具造斜率同斜面圆弧外推法求井眼曲率的方法是一样的。测斜数据反算法只是反算工具造斜率，在不同的装置角下，其预测的井眼轨迹就不一样。这点与斜面圆弧或恒装置角外推法是不同的。

2. 三点定圆法

三点定圆法是美国 H. Karisson 等提出的一种针对带有双稳定器单弯壳体动力钻具组合造斜率的计算方法。

该方法认为钻头和两个稳定器这三点肯定与下井壁相接触，由于不共线的三点可以确定一个圆弧，因此这三点确定的圆弧的曲率就是实钻井眼的曲率，如图 8 – 17 所示。

假设单弯壳体动力钻具的弯角为 θ_2，第一个稳定器到钻头的距离为 L_2，第二个稳定器到第一个稳定器的距离为 L_1，则有：

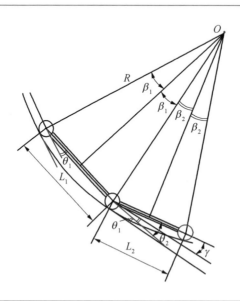

图 8 – 17　三点定圆法计算示意

$$\begin{cases} L_1/(2\sin\beta_1) = L_2/(2\sin\beta_2) = R \\ \beta_1 + \beta_2 = \theta_2 \end{cases} \qquad (8-38)$$

由于 β_1、β_2、θ_2 都是小角度,因此:

$$R = \frac{L_1 + L_2}{2\theta_2} \qquad (8-39)$$

三点定圆法只能用于带有双稳定器单弯动力钻具组合的造斜率的计算,同时没有考虑到钻柱受力及变形对工具造斜率的影响,也没有考虑到井眼扩大对工具造斜率的影响。

3. 平衡曲率法

平衡曲率法是美国 M. Birades 和 R. Fenoul 首先提出的一种计算任意底部钻具组合造斜率的方法。平衡曲率法认为,对于任意一套底部钻具组合,在将其放入一定曲率的井眼中时钻头侧向力要么为零,要么指向井眼轴线内法线方向或外法线方向,只要钻头侧向力不为零,井眼曲率就要变化,最后都会趋向于使钻头侧向力为零的一个井眼曲率而稳定下来,平衡曲率法就是以钻头侧向力为零时的井眼曲率作为工具的造斜率。

平衡曲率法的关键是计算一定曲率井眼中的钻头侧向力。钻头侧向力的计算涉及非常复杂的底部钻具组合受力及变形分析,很难得到一个解析的表达式。可以采用非线性有限元法进行求解,或简化为纵横弯曲梁进行分析。

8.3.3　极限曲率法及其应用

在定向井井眼轨迹预测方法中,"岩石-钻头相互作用模型""力-位移模型"是较为精确的预测方法和手段,但预测程序中需要用到地层、钻头的很多特征参数,而这些参数在工程实际中往往较难准确确定,致其使用受到限制;"钻头侧向力预测法""钻头合力方向预测法""钻头轴线方向预测法"等方法因为没有考虑地层因素的影响,其预测结果误差较大;"平衡曲率法"要求井眼轨迹遵循平衡曲率,与实际有较大差别。

"极限曲率法"认为:中、长半径水平井钻井过程中普遍采用各种弯壳体导向动力钻具,导致钻头侧向力较常规定向井钻进过程的钻头侧向力更大;因为动力钻具允许使用的钻压较小,因此与钻压成正比的地层力与钻具组合产生的钻头侧向力相比可以认为是一个小量。因此,钻具组合的造斜能力基本上确定了井眼曲率。

根据理论分析和钻井实践,极限曲率 K_e、工具造斜能力 $\overline{K_T}$ 和工具造斜率 $\overline{K_{T_\alpha}}$ 之间存在如下的关系:

$$\overline{K_T} = A \cdot K_e \qquad\qquad (8-40)$$

或

$$\overline{K_{T_\alpha}} = B \cdot \overline{K_T} \qquad \overline{K_{T_\alpha}} = (A \cdot B) K_e \qquad (8-41)$$

式中,K_e 为极限曲率,是指下部钻具组合的钻头侧向力为 0 时所对应的井眼曲率值;$\overline{K_T}$ 为工具造斜能力,是指工具在钻进过程中改变井斜和方位的平均综合能力,指全角变化率而非单指井斜角变化率;$\overline{K_{T_\alpha}}$ 为工具造斜率,又称为工具实际造斜能力,是指工具在钻进过程中的实际造斜率。系数 $A = 0.70 \sim 0.85$,地层造斜能力强时取上限。

当使用随钻测斜仪 MWD 或 SST 测量时,由于工具面对准程度高,则实钻井眼的井斜变化率基本接近 $\overline{K_T}$ 值,因此可用式(8-40)来预测井斜变化率 K_α。

当使用单点测斜仪时,因工具面对准程度低而使工具的造斜能力得不到全部发挥,导致实钻井眼的井斜变化率 K_α 低于 $\overline{K_T}$ 值。这种情况下可使用式(8-41)预测井斜变化率 K_α。系数 $B = 0.8 \sim 0.9$。

极限曲率 K_e 是工具结构参数、井眼几何条件和工艺参数的函数,可通过相关软件计算而得。

极限曲率法可用于进行以下工作:

(1) 计算工具的造斜能力,用于工具选型和组合设计;

(2) 针对钻井设计提出的造斜率 K_α,可设计出相应的导向钻具组合;

(3) 用于井眼轨道预测与控制,在确定了工具的实际造斜能力 $\overline{K_{T_\alpha}}$ 后,可利用外推法对井眼轨道参数进行预测。

8.4 随钻测量技术

随钻测量(Measurement While Drilling,MWD)是在钻井过程中进行井下信息的实时测量和上传的技术的简称。

通常意义的 MWD 仪器系统,主要限于对工程参数(井斜,方位,工具面)的测量。由井下部分(脉冲发生器、驱动电路、定向测量探管、井下控制器、电源等)和地面部分(地面传感器、地面信息处理和控制系统)组成,以钻井液作为信息传输介质。脉冲发生器有正脉冲、负脉冲和连续脉冲三种,井下电源可分为电池和井下涡轮发电机两类。

8.5 随钻测井技术

随钻测井(Logging While Drilling,LWD)是在随钻测量(MWD)基础上发展起来的一种功能更齐全、结构更复杂的随钻测量系统,主要是在常规 MWD 的基础上增加了若干测量短节,如 CDR(补偿双电阻率仪)、CDN(双补偿中子密度仪)、ADN(方位密度中子仪)、ISONIC(声波仪)等,用以获取测井信息。

LWD 是一个随钻测井仪器,它的任务是获取测井信息而无导向、决策功能;LWD 位于井下钻具组合(BHA)上部,它所测的电阻率、自然伽马等地质参数已不属于近钻头测量。

与 MWD 相比,LWD 传输的信息更多,因而要求脉冲发生器必须是正脉冲发生器(3 ~ 5 bit/s 以上)或连续波脉冲发生器(6 ~ 10 bit/s)。即使如此,也不可能把所测信息全部实时上传,而是采用井下存储(起钻后回放)和部分信息实时上传方式处理。

8.6 地质导向技术

用近钻头地质、工程参数测量和随钻控制手段来保证实际井眼穿过储层并取得最佳位置的技术称为地质导向技术。

地质导向具有以下作用与特点。

（1）随钻辨识油气层、导向功能强；

（2）直接服务于地质勘探的随钻技术，提高探井钻遇率（增储）；

（3）适合于复杂地层、薄油层钻进的开发井，提高产量和采收率。

8.6.1　地质导向钻井技术特征

地质导向钻井技术具有以下特征。

（1）将钻井技术、测井技术及油藏工程技术融合为一体，形成带有近钻头地质参数（伽马、电阻率）、近钻头钻井参数（井斜角）及其他辅助参数的短节；

（2）用无线信号（电磁波）短传方式将上述近钻头参数传至 MWD，再传至地面控制系统；

（3）用地面软件系统适时做出解释与决策，实施随钻控制，地面软件系统包括地层构造模型、参数解释和钻井设计控制三个主要模块。

地质导向钻井技术大大提高了对地层构造、储层特性的判断和钻头在储层内轨迹的控制能力，从而提高了油层钻遇率、钻井成功率和采收率，实现了增储增产，节约了钻井成本，经济效益大幅提高。

地质导向的任务是对准确钻入油气目的层负责，因此，具有测量、传输和导向等功能：

（1）近钻头测量参数（电阻率、自然伽马）和工程参数（井斜角）测量；

（2）用随钻测量仪器（MWD）或随钻测井仪器（LWD）作为信息传输通道，把所测的井下信息（部分）传至地面处理系统，作为导向决策的依据；

（3）用井下导向马达（或转盘钻具组合）作为导向执行工具，用无线短传技术将近钻头测量信息越过导向马达传至 MWD（LWD）并进一步上传；

（4）地面信息处理与导向决策软件系统，将井下测量信息进行处理、解释、判断、决策，指挥导向工具准确钻入油气目的层。

8.6.2　地质导向钻井系统的结构特征

下面以 Anadrill 公司于 1993 年推出的综合钻井评价和测井系统(Intergrated Drilling Evaluation and Logging, IDEAL)为例,来介绍地质导向钻井系统的结构特征。

一般来说,地质导向钻井系统包括井场信息接收和处理系统 + MWD/LWD + 无线短传 + 测传马达(含近钻头测量短节) + 钻头,如图 8 - 18 所示。

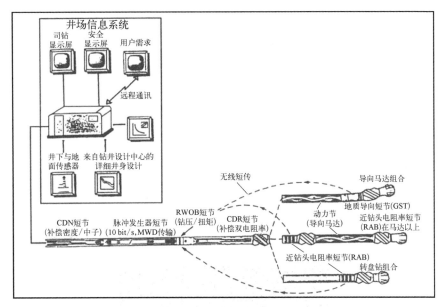

图 8 - 18　地质导向钻井系统示意

1. 测传导向马达

测传导向马达如图 8 - 19 所示。由于测传导向马达直接与钻头相连,因而能够测量近钻头处的相关参数,如钻头转速、井斜角、地层电阻率、方位电阻率、自然伽马等参数。这些参数通过无线遥测和电流测量发射器传送至动力钻具以上的 MWD 或 LWD,再通过泥浆脉冲传送至地面。根据近钻头处的岩性变化,以及检测钻头处钻井液的油气显示,司钻可对钻头进行导向,使钻头沿着储层进行钻进,保证井眼在储层内延伸,从而增大储层泄油面积。

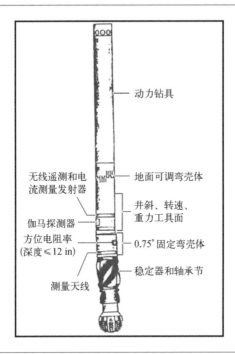

图8-19 测传导向马达

动力钻具

无线遥测和电
流测量发射器

地面可调弯壳体

井斜、转速、
重力工具面

伽马探测器

0.75°固定弯壳体

方位电阻率
(深度≤12 in)

稳定器和轴承节

测量天线

2. 井场信息系统

井场信息系统如图8-20所示。井场信息系统通过解释程序将地面数据和井下

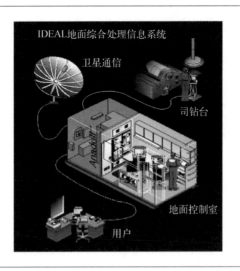

图8-20 井场信息系统

IDEAL地面综合处理信息系统

卫星通信

司钻台

Anadrill

地面控制室

用户

数据转换成井场决策人原所需要的信息,从而对钻井过程进行监测。

3. 近钻头电阻率工具

近钻头电阻率工具如图8-21所示。近钻头电阻率工具是一种仪器化的近钻头稳定器,可替代测传导向马达用于转盘钻井,它直接与钻头相连,测量近钻头处的地层电阻率、自然伽马、井斜角等参数,利用这些实测数据可在地层被污染之前进行地层评价。

图8-21 近钻头电
阻率工具

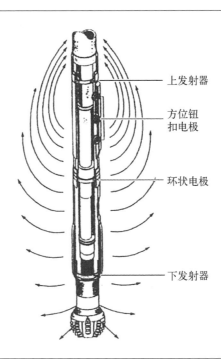

上发射器

方位钮
扣电极

环状电极

下发射器

8.6.3 钻井液脉冲传输方式

钻井液脉冲传输方式钻井液脉冲传输方式主要有三种:连续波方式、正脉冲方式和负脉冲方式。

连续波方式是连续波发生器的转子在钻井液的作用下产生连续压力波。连续波可以通过回转阀门或涡流脉冲阀来产生。利用回转阀产生连续压力波时，由于回转阀的运动垂直于流体，因而驱动能量小。专用的压力补偿器用于降低压力脉动，以使系统处于最佳状态。当阀门以固定转速回转时，发出与时间传感器同步的信号。当阀门在短时间内出现回转速度变化时，相位互换（相位偏移180°），产生频率为24 Hz的信号。此时阀门由双向电机和发射调节器驱动回转。通过改变信号的相位便可实现编码。采集到的压力信号将在地面接收装置中被滤波、放大，恢复同步脉冲信号的相位，由积分电路来识别相位位移并译码。利用涡流脉冲阀产生连续压力波的MWD系统，在钻杆内装有4个涡流脉冲阀，阀的一端装有电磁线圈，线圈的电磁铁心连接控制杆，阀的另一端装有压力补偿膜片，用于平衡外部压力与线圈套内的静液压力。当阀处于开启状态时，流体径向流动，通过阀腔的压力通常比涡流阀入口处的压力低，流动阻力也最小。当井底传感器发出信号使电磁线圈通电时，电磁铁心将带动控制杆和涡流阀节流杆，对流体产生节流作用，流体产生切向速度分量形成涡流，此时流动阻力最大，在高低速流体之间产生很大的压差，从而产生一个压力脉冲波。涡流不断形成，便产生连续脉冲波，并通过钻井液传递到地面。

正脉冲方式是利用钻井液正脉冲发生器的针阀与小孔的相对位置变化来改变钻井液流道在此的截面积，从而引起钻柱内部钻井液压力升高。地面设备连续检测立管压力的变化，经译码转换成不同的测量数据。针阀的运动由探管编码的测量数据通过驱动控制电路来实现。在压力负脉冲发生器中，当一部分钻井液经过阀门旁路流向管外空间时，就会产生压力负脉冲。

8.6.4　电磁波传输方式

钻井液脉冲传输随钻测量技术在液体钻井液中能够稳定、可靠地工作。但对于气体钻井或充气钻井液钻井，由于气体的可压缩性，导致在这种钻井液中很难产生足够强度的脉冲信号。而电磁波传输随钻测量技术不需要循环钻井液即可进行数据传输，现有的各种钻井方式基本都能使用，如气体钻井、泡沫钻井、雾化钻井等。电磁波信号传输主要依靠地层介质来实现。井下仪器将测量的数据加载到载波信号上,测量信号随载波信号由电磁波发射器向四周发射。地面检波器将检测到的电磁波中的测量信号卸载,之后通过解码、计算得到测量数据。该传输方式的优点是数据传输速度较快,适合在普通钻井液、泡沫钻井液、空气钻井和激光钻井等钻井施工中传输定向和地质资料参数;其缺点是地层介质对信号的影响较大,低电阻率地层电磁波不能穿过,电磁波传输的距离也有限,不适合深井施工。

8.6.5　　声波传输方式

声波传输方式是利用声波传播机理工作,不需要通过钻井液循环。当钻柱、钻头与井底相互作用时,钻柱中出现纵向弹性波,通过钻杆将声波或地震信号传输至地面。声波传输监测的主要参数是岩石破碎工具的回转频率,其中主要是牙轮的振动谐波。由于牙轮的振动幅值和频率与其磨损程度具有相关性,据此可以判断工具的状态。当钻进过程保持不变时,信号的幅值变化情况还可以反映岩石的力学性质。采用该传输方式的优点是随钻数据传输速率较快,可以达到 100 b/s;缺点是信号衰减快,钻杆内每隔 400 ~ 500 m 需要安装一个中继站,传送的信息少,井眼产生的低强度信号和钻井设备产生的声波噪声使信号探测非常困难,抗干扰能力较弱。该方式在超深井中应用有一定限制。

8.6.6　　光纤遥测方式

光纤遥测方法是将细小的光纤电缆下到井中,然后通过光纤电缆将井下数据传到地面。该方法具有传递速率高的特点,其传输速率可达到 1 Mb/s,比其他方法的速度快五个数量级左右,但光纤电缆现在只能在钻井液中短时间使用,磨损后即被冲走,遥测的深度只有 915 m 左右,只适合浅井使用。

8.7 旋转导向技术

在水平井的钻机过程中,随着位移和井深的不断增加,将会导致摩阻、扭矩过大,方位漂移严重,甚至使钻头失去控制,井眼净化不彻底等问题的产生。从理论和实践中已经证明,滑动导向系统在一定井深极限范围内可以很好地控制井眼轨迹,但超过这一井深极限后,就必须采用旋转导向技术。

旋转导向工具系统是以井下旋转工作方式的闭环自控执行工具(典型代表是偏心变径稳定器)为导向工具、以 MWD(或 LWD)为信息传输通道和地面信息处理软件系统组成的钻井工具系统。当以常规的 MWD 作为信息通道时,上传信息只有工程测量参数(井斜角、方位角)而无地质参数;当以 LWD 作为信息通道时,上传信息除工程参数外,还包括地质参数(电阻率、自然伽马以及其他地质参数)。由于工具位置有限,它缺少近钻头的地质参数测量,这一点形成了它与地质导向工具系统的主要差别。

旋转导向技术的突出优点是能克服滑动导向系统所遇到的摩阻过大和井眼不清洁等问题,从而可使钻井导向能力得到大幅度提高。但要实现旋转导向,还必须具有一系列的相关实时遥控设备来进行辅助。井下旋转导向工具是旋转导向钻井系统的核心,它是实现旋转导向的根本,井下实时控制系统或地面监控系统能按照预置或要求的三维井眼轨迹,根据测量信息,对井下工具进行实时控制或遥控,测量与传输系统应能测出近钻头处井眼的空间姿态信息,并能及时传送给井下微电脑以及地面计算机,测量的信号经过处理成为新的控制指令,井下实时控制系统或地面监控系统发出控制指令,使井下旋转导向工具按照控制指令进行动作,从而实现井眼轨迹的旋转导向控制。

旋转导向技术的不断创新,使得复杂井眼轨迹的钻井成为可能,这对海油陆采和非常规油气开发具有非常重要的推动作用。

目前常用的旋转导向系统有以下几种。

1. Power Drive Archer 旋转导向系统

斯伦贝谢公司的 Power Drive Archer 旋转导向系统是一种推靠式和指向式相结合的混合型旋转导向系统。该系统有 4 个有钻井液控制的活塞,推靠在铰接式圆柱形导向套筒内,并通过万向节连接枢轴将钻头导向到所需的方向。同时,如果位于万向节上方的 4 个外部套筒扶正器刀翼与井壁接触,就会为钻头提供侧向力,使井下系统可执行与推靠式系统类似的作业。Power Drive Archer 旋转导向系统如图 8-22 所示。

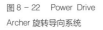

图 8-22 Power Drive
Archer 旋转导向系统

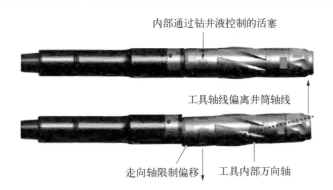

内部通过钻井液控制的活塞

工具轴线偏离井筒轴线

走向轴限制偏移 工具内部万向轴

2. Power Drive Orbit 旋转导向系统

斯伦贝谢公司的 Power Drive Orbit 旋转导向系统是一种具有高可靠性的推靠式旋转导向系统。该系统采用导向板设计来提高钻井效率,增强了对井眼轨迹的控制能力,具有较高的可靠性、稳定性和有效性。

3. AutoTrak Curve 旋转导向系统

AutoTrak Curve 旋转导向系统是在传统导向系统的基础上对导向板重新设计,使导向板能适应从软到硬等各种地层。

4. 威德福新型旋转导向系统

威德福新型旋转导向系统是在其指向式旋转导向系统 Revolution 的基础上优化而来的,可适应复杂地层极端环境,工具理论造斜率每 30 m 可达 16°,工具传感器安装在钻头附近,提供的数据更可靠。

5. SureTrak 导向尾管钻井技术

贝克休斯公司研发的 SureTrak 导向尾管钻井技术可解决衰竭油藏、膨胀性泥页岩段可钻性差和井壁稳定性问题,能一次性钻穿复杂井段,实时评价地层,显著提高了复杂井段的钻完井效率。

第 9 章

水平井降摩减阻
工艺和工具

钻井摩阻是指钻井过程中钻井管柱与井壁或套管壁之间的摩擦阻力,主要由钻柱的轴向摩擦阻力和周向摩擦扭矩组成。水平井中钻具贴靠井壁滑动,其接触面积会比常规直井大得多,所产生的摩擦阻力也会远大于直井,导致钻进效率大幅度降低。水平井中岩屑返排困难,无法上返的岩屑堆积而成的岩屑床会增大摩擦阻力,导致钻进无法进行。在水平井段中,钻具基本不提供钻压,导致水平井钻头处的钻压远小于相同井深直井和一般定向井的钻压;并且水平段的钻柱产生比直井、一般定向井更大的摩擦阻力来抵消钻压,产生托压现象,并使管柱的送进变得困难,限制了水平钻进所能达到的最大水平位移。

目前国内外常用以下工艺和工具来降低水平井摩阻大的问题。

9.1 水平井降摩减阻工艺

1. 优化钻井液性能

钻井液要具有良好的流变性和润滑性,可以加入润滑剂,建立润滑防卡钻井液体系,通常采用润滑剂和塑料小球的组合。严格控制钻井液的密度、含砂量、滤失量等参数,避免形成过厚的泥饼,造成黏附卡钻,增大钻井摩阻。

采用油基钻井液可以有效降低钻柱与井眼之间的摩阻。油基钻井液可由柴油加上一定量的有机土、氧化钙、降滤失剂、润湿剂、活性调节剂、石灰石等配置而成。如延页平3井三开采用高性能的油基钻井液体系。具体配方为:柴油 +4.5% 有机土 +6% 氧化钙 +8% 降滤失剂 +7% 主乳化剂 +4% 辅乳化剂 +3% 润湿剂 +7% 活性调节剂 +3% 石灰石。其中石灰石的加量可根据现场实钻情况进行调节。

2. 轨迹优化

在钻井设计阶段就设计一条摩阻小且能到达靶点区域的井眼轨迹曲线,同时利用相关软件准确预测摩阻扭矩的大小。

3. 井眼清洁

采用足够大的钻井液流量、有效的地面固相控制系统、钻柱旋转的作用、起钻前充分循环、钻井液良好的流变性能、起下钻进行划眼等措施,可有效清洁井眼。

4. 井身结构和钻具组合优化

如果选择较大尺寸的钻柱,必然会增加钻柱与井眼之间的接触面积,进而增大摩擦;如果选择较小尺寸的钻柱,虽然可以减小钻柱与井眼之间的接触面积,但环空间隙过大,在给定的泵量下,环空返速过低,会给井眼净化带来较大困难,岩屑容易在井眼中堆积而使摩阻更大。此外,钻柱尺寸过小,还需要考虑钻柱的强度是否满足设计要求。因此,合理的设计应该是在基本满足井眼净化要求的环空返速的前提下,尽可能使用直径较小而强度较高的钻柱组合。由于水平井中较大的摩阻总是会存在的,因此还要提高钻杆的抗拉抗扭能力,使用高强度的螺纹脂,采用高扭矩的螺纹连接(如多级螺纹或多级台肩),采用高强度钻杆(铝合金、钛合金材质的钻杆等,重量小强度高),同时还要采用高强度的钻杆接头提高抗扭强度等。

9.2   水力脉冲轴向振荡减阻工具

9.2.1   水力脉冲轴向振荡减阻工具结构及原理

水力脉冲轴向振荡减阻工具主要由水力脉冲发生短节、振荡短节两大部分组成。

中石化刘华洁等研制了一种水力振荡器能有效提高机械钻速,满足优、快钻井的要求。这种水力振荡器将螺杆马达与专门设计的特殊阀轴系统相结合,主要由螺杆马达(定子和转子)、阀轴系统(动阀和定阀等)和振荡短节部分(花键心轴和碟簧等几部分)组成。其结构示意如图9-1所示。其中碟簧的作用是通过压缩或拉伸来储存和释放能量,用以诱发轴向振动。

振荡短节是工具产生轴向振荡的核心机构。使用时将振荡短节连接在水力脉冲发生短节上部,钻井液通过1:2螺杆动力马达后驱动转子高速转动。螺杆马达在钻井液驱动下使转子在定子中做自转+公转的行星运动。对于头数比为1:2的螺杆马达来

图 9 - 1 水力振荡器
结构示意

1—花键心轴;2—碟簧;3—振荡短节套筒;4—顶部短节;5—定子;6—转子;7—动阀;8—定阀

说,从端面上看断面为圆的转子在定子端面上做平面往复摆动,因此动阀也随着转子做平面往复摆动,使得动阀阀片的中心孔与定阀阀片的中心孔时而重合(此时过流面积最大),时而分开(过流面积减小),通过其中的钻井液流量呈周期性变化,使压力产生水击现象,进而产生相对应的压力脉冲。水击作用于阀座上产生的温和振荡力通过钻具传递给钻头,形成周期性连续柔和变化的钻压。交变压力作用振荡短节活塞,压缩弹簧,放大冲击力。利用这种水力振荡即可消除钻具与井壁之间的静摩阻,使井底钻具组合与井壁处于动摩擦状态,摩擦系数大大减小,降低了摩阻和扭矩,提高了破岩效果。

振荡短节将水力脉冲能量转化为轴向振动形式的机械能,当每个脉冲通过振荡短节后,其恢复到原来的状态。每次脉冲会产生 3~9 mm 振幅和足以将静摩擦转化为动摩擦的轴向力。因为产生的轴向力和轴向移动距离都不大,水力振荡器在工作期间不会对其他井下工具产生不利影响。管柱振动对减小摩擦力的作用,主要通过改变摩擦因数和摩擦力方向实现。

在不同的振动模型中,轴向振动降摩阻的效果最好。扭转振动效果不好,横向振动导致连续管故障。施加轴向振动或扭转振动能提高一些钻压传递,但效果不是很明显。

9.2.2　水力脉冲轴向振荡减阻工具应用

1. 在苏 5 - 3 - 16H1 井的应用

苏里格气田在长庆鄂尔多斯盆地伊陕斜坡苏 5 区块"苏 5 - 3 - 16H1"井设计井深 6 233 m,6″水平段 2 500 m。实际钻井深度 6 329 m,6″水平段 2 606 m。在该井钻井过程中,由水平段 1 909 m 起使用国民油井公司的水力振荡器,用于解决摩阻及扭矩过大的问题,并最终提高机械钻速。

在水平段 5 636～6 329 m 井段,使用水力振荡器,钻具组合如下:

ϕ152.4 钻头 + ϕ127 螺杆钻具 + 回压阀 + ϕ148 扶正器 + MWD 接头 + ϕ120 无磁钻铤 + 接头 + ϕ101.6 加重钻杆 + ϕ101.6 钻杆 + 水力振荡器(距钻头 600 m) + ϕ101.6 钻杆 + ϕ101.6 加重钻杆 + ϕ101.6 钻杆。

利用水力振荡器成功完成 2 606 m(比设计长度增加 106 m)国内陆上油田最长水平段的钻井记录;与邻井段未使用水力振荡器相比,滑动机械钻速提高 100%,平均机械钻速提高 91%。

2. 在苏 76 - 1 - 20H 井的应用

苏里格气田在长庆鄂尔多斯盆地伊陕斜坡"苏 76 - 1 - 20H"井设计井深 6 191 m, 6″水平段 2 697 m。实钻水平段长 2 856 m。

在水平段 5 903～6 346 m 井段,使用国民油井公司的水力振荡器,钻具组合如下:

ϕ152.4PDC 钻头 + ϕ120×1.25° 单弯螺杆钻具(带 ϕ146 稳定器) + ϕ140～ϕ148 欠尺寸稳定器 + ϕ120 浮阀 + ϕ121 无磁钻铤(内置斯伦贝谢随钻仪器) + 防磨接头 + ST38×311 + ϕ101.6 钻杆×73 根 + 水力振荡器组合 + ϕ101.6 钻杆×247 根 + ϕ101.6 加重钻杆×18 根 + ϕ101.6 钻杆。

利用水力振荡器成功完成 2 856 m 水平段钻井,再创国内陆上油田最长水平段的钻井纪录。水力振荡器的使用有效缓解了长水平段滑动钻进钻具托压、钻头加压送钻困难的问题。

9.2.3　　　其他振动减摩降扭工具

1. 声波流动脉冲减阻工具

用阀控机构周期性地阻断钻井液流动,运用水锤效应制造脉冲波,也是依靠压力脉冲的波动驱动活塞往复运动,制造振动来减小钻柱与井壁或套筒之间的摩擦阻力。

2. 投球式振动工具

内部设置有一个或多个冲击部件,通过地面投球来控制阀控机构,使钻井液产生脉动,驱动冲击部件对外壳体产生冲击振动力。

3. 振动减摩加压工具

由三段组成：振动段、脉冲段、加压段。振动段由三个液压缸组成,利用钻井液压力差推动冲击单元击打主缸体,产生周期性地振动。脉冲段内部设置有叶轮,钻井液通过叶轮产生压力脉冲用于碎岩。加压段利用钻井液推动心轴给钻头加压。但此振动减摩加压器结构较为复杂,很难得到现场应用。

9.3　连续管减摩器

连续管减摩器用于连续管钻大位移井,利用流体在连续管和底部钻具组合中产生轴向振动,从而显著减小连续管在大斜度井和大位移井中的摩擦力,并增加连续管入井位移。

减摩器是带自动翻转阀的双作用液缸,其工作原理如图9-4所示。当内阀左开右关,外阀左关右开时,内筒上端钻井液通过内阀左侧进入外筒左侧,外筒两侧钻井液的压力差使内筒和外筒之间相对收缩,并迫使外筒右侧的钻井液经外阀进入内筒下端;到行程末端时,改变内阀和外阀的开关状态,变为内阀左关右开,外阀左开右关,钻井

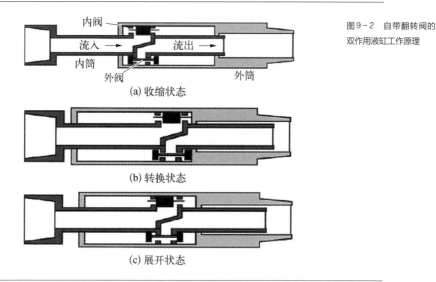

图9-2　自带翻转阀的
双作用液缸工作原理

液通过内阀右侧流入外筒内侧,外筒两侧的流体压差使内筒和外筒做展开运动,外筒左侧的钻井液经外阀进入内筒下端并从液缸中流出。重复上述过程,实现液缸外筒的往复运动,驱动连续管做轴向运动。

9.4　　　纯机械式减摩降阻工具

国产纯机械式减摩降阻工具如图9－3所示。其结构与威德福公司生产的滚子减阻器很像。

图9－3　国产纯机械式
减摩降阻工具示意

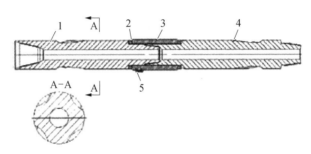

1—上接头;2—调节环;3—轴承套;4—下接头;5—滚轮组件

本体中部有一段直径较小的区域,在此安装减摩轴承套,在本体凹槽表面喷涂一层高强度耐磨材料。本体和减摩轴承套两者构成的摩擦副中,选择较硬的一方作为本体,而减摩轴承套为摩擦损失的一方。由于本体的制造成本远高于轴承套的制造成本,这样设计便于工具的维护和减少使用成本。

减摩轴承套是实现减摩降阻功能的关键部件,采用整体式结构。在轴承套的内表面,有减摩涂层。图层类似于本体中部凹槽的耐磨喷涂层,具有耐磨作用,但其耐磨性能低于本体上的涂层,在摩擦副中为损失的一方。

硬质合金滚轮是减小轴向摩擦的重要部件,它的形状及几何参数会对减摩降阻工具的性能产生较大影响,如图9－4所示。

图 9-4　硬质合金滚轮示意

(a) 圆柱形滚轮　　　(b) 椭圆形滚轮　　　(c) 球形滚轮

圆柱形滚轮与井壁或套管接触面积较大,轴承套保持非旋转性好。然而,圆柱形滚轮在其边缘会受到应力集中影响,边缘因受力变形而拱起。这样容易导致滚轮的过度磨损,严重的甚至可能由于滚轮边缘变形而咬合滚轮安装槽,导致铸件损坏,造成减摩降阻工具效率降低,并缩短其使用寿命。球形滚轮在套管井内使用效果较好,摩擦系数较小。在裸眼井中,由于球形滚轮与井壁接触面积很小,侧向力较大时,由于局部应力大,容易压入井壁,影响工具的减摩效果。

综合考虑上述因素,椭圆形滚轮效果较好。椭圆形滚轮与井壁或套管接触面远离边缘,磨损线通常会出现在滚轮的中间,减少了滚轮磨损和变形的风险。滚轮中部的磨损对减摩降阻工具性能影响较小,并且在下次使用时,可以对磨损过度的椭圆形滚轮加以更换。

使用椭圆形滚轮可以同时起到减小摩阻和扭矩的作用。当钻柱轴向运动时,工具最大外径大于钻柱接头外径,减摩轴承套上的滚轮将与井壁接触,并可旋转,将变滑动摩擦为滚动摩擦,使摩擦力变小。当钻柱周向旋转时,工具随钻柱一起旋转,减摩轴承套不旋转,使旋转半径减小,而且本体和轴承套之间的摩擦系数小,因此摩擦扭矩也减小。

9.5　威德福公司滚子减阻器

威德福公司生产的滚子减阻器也是一种纯机械的减摩降阻工具,由本体接头、内衬套筒及铸铁外壳等组成,如图 9-5 所示。整个减阻器通过本体接头连接在钻具组

图9-5 威德福滚子
减阻器示意

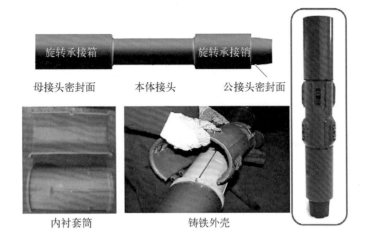

当钻具轴向运动时，由于减阻器滚轮的存在，钻具与井壁或套管之间是滚动摩擦，摩擦系数小，减小了轴向运动摩阻。当钻具带动减阻器一同旋转时，由于内衬套筒的存在且钻柱悬空，因此转动时的扭矩也减小了很多，用本体接头和内衬套筒之间的摩擦代替了钻具与径缘或套管之间的摩擦。内衬套筒容易磨损，需要定期更换。威德福减阻器承担了所有的原本由钻杆接箍承担的侧向力，并且带滚轮的铸铁外壳与井壁或套管的接触面积非常小，这也减少了因为压差卡钻而被吸附的危险。

合中。本体接头的轴颈部分镀有特定的高效涂层，与内衬套筒配合使用实现减阻功能。内衬套筒是具有光滑表面的聚合物衬套，通过专用卡槽与铸铁外壳相连。作业时，内衬套筒作为"牺牲品"与本体接头相接，承受转动时的高摩阻。铸铁外壳上装有高强度的轮子和各式锁销，突出的轮子与井壁或套管壁直接接触，从而将钻杆接箍与井壁或套管壁隔开。

9.6 降摩阻短节

降摩阻短节结构如图9-6所示。降摩阻短节直接接在钻头之上，壳体由两个带

图9-6 降摩阻短节结构

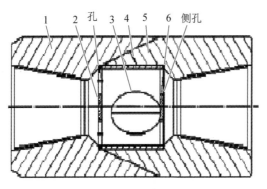

1—异径接头;2—格孔板;3—实心球;4—套筒;5—异径接头;6—格孔板

丝扣的异径接头组成,在异径接头形成的内腔的一端装有格孔板,另一端装有带侧孔的隔板,在格孔板和隔板之间有限位套筒,套筒内放置滚动的实心球体,由于钻具的旋转,当钻井液通过侧孔形成射流,驱动实心球体随机覆盖侧孔,产生水击压力变化,生成脉冲振动,使钻柱产生振动,降低了钻柱与井壁或套管之间的摩阻,增强了钻压传递。

降摩阻短节现场试验结果表明,使用降摩阻短节钻水平井时机械钻速提高了43%~59%,钻定向井时机械钻速提高了19%。

第 10 章

固井与完井

10.1 页岩气固井特点与难点

目前，页岩气水平井固井主要有以下三个问题：（1）水泥石力学性能难以满足要求。页岩气水平井一般都采用大型分段压裂，水泥石必须具有高强的弹韧性及耐久性。（2）界面封固质量差。这主要是由于页岩气水平井采用油基钻井液，在油润湿的环境下水泥浆与井壁、套管壁的胶结不易。（3）水平段套管居中度差，底边窜槽，影响顶替效率。

页岩气井通常采用泡沫水泥固井技术，由于泡沫水泥具有浆体稳定、密度低、渗透率低、失水量小、抗拉强度高等特点，因此泡沫水泥有良好的防窜效果，能解决低压易漏长封固段复杂井的固井问题，而且水泥侵入距离短，可以减轻储层损害。泡沫水泥固井比常规水泥固井产气量平均高出 23% 。美国 Oklahoma 的 Woodford 页岩储层中就利用了这种泡沫水泥来固井，它确保了层位封隔同时又抵制了高的压裂压力。泡沫水泥膨胀并填充了井筒上部，这种膨胀也可以有助于避免凝固过程中的井壁坍塌，泡沫水泥的延展性弥补了其较低的压缩强度。

10.2 水泥浆体系

为有效封固页岩气储层，要求水泥浆弹性模量相比常规水泥浆降低 30% ，抗折性能提高 100% ；48 h 抗压强度不小于 14 MPa；API 失水率不大于 50 mL；水泥浆具有良好的防窜能力和防漏能力。

通过在水泥浆中加入适量的橡胶粉，此时水泥石中的孔隙基本被填充，密实度大大提高，水泥石的抗压强度和抗折强度损失较小。室内研究表明，抗拉强度≥2 000 MPa，弹性模量≤50 GPa，断裂伸长率≤4% 的增韧材料能够满足页岩气固井柔性水泥石力学性能要求。此外，水泥浆体系还必须有良好的膨胀特性，以补偿因水泥水化的体积收缩量，以满足环空的整体封固效果。

10.3　提高固井质量方法

10.3.1　水平井钻井给固井带来的问题

水平井钻井将给固井带来以下问题。

（1）页岩井壁失稳；

（2）油基钻井液影响水泥环界面胶结质量；

（3）水平段下套管难度大；

（4）提高顶替效率的难度大。

10.3.2　压裂、射孔给固井带来的问题

压裂和射孔给固井带来如下问题：

（1）约85%的页岩水平井采用套管射孔的完井方式。射孔弹引爆时产生高达3 000 MPa左右的冲击压力，水泥环、套管的弹性和变形能力存在较大差异，导致射孔后水泥环产生宏观裂纹。

（2）压裂过程中产生很大的水力冲击，当该冲击作用大于水泥石的破裂吸收能时，水泥环将产生破碎。

10.3.3　提高页岩气水平井固井质量技术措施

1. 水泥浆体系的优选与优化

水泥浆必须具有以下性能：① 良好的流变性能；② 优良的沉降稳定性；③ 较低的API 失水；④ 零自由液。

根据射孔和多级压裂对水泥环的抗冲击能力的要求，研究弹韧性水泥，优化浆体

结构设计,有效防止气窜。

在水泥浆体系中添加胶乳材料可以增加弹性形变恢复能力和塑性形变能力;添加弹性粒子材料,利用弹性粒子的弹性变形,起到缓冲作用,从而提高水泥环的抗冲击能力;添加韧性材料可以起到增韧止裂作用。

此外,泡沫水泥具有较好的弹性、可压缩性和可膨胀性,但抗压强度相对较低。

2. 提高水泥环胶结质量

针对油基钻井液对水泥环界面胶结质量的影响,研究高效冲洗液,利用化学冲洗作用来冲洗泥饼,改善泥浆的亲水性能,在化学作用和水力冲洗的同时,增加物理冲刷效果,有效地冲洗泥饼,提高水泥胶结质量,使水泥环保持良好的完整性。

3. 提高不规则井眼顶替效率

研究保证套管顺利下入固井技术措施,如套管漂浮、淘空、井口加压、套管抬头下入等技术,优化顶替排量,确保不规则井眼固井质量。

为保证套管居中,可采用弓形扶正器、刚性扶正器、滚珠扶正器等,合理确定扶正器的位置及间距。弓形扶正器回复力大,起动力和运行力小,可用于直径、大斜度井及水平井;刚性扶正器用于大斜度井和水平井,有助于提高固井质量,螺旋肋可提供优化的过流面积,增加水泥浆漩流效果;滚珠扶正器能承受较大的侧向力,下套管过程中可降低摩阻,通常用于大斜度井和水平井。

10.4　　完井方法

由于页岩气藏孔隙度、渗透率非常低,因此完井方式的选择显得尤为重要。

页岩气井普遍采用的完井方式可分为三大类: 水力喷射射孔完井、组合式桥塞完井、机械式组合完井。

水力喷射射孔完井又包括套管固井后射孔完井、尾管固井后射孔完井和裸眼射孔完井等。水力喷射射孔完井是用水力喷射工具代替传统的射孔枪,利用高速流体切割套管和岩石从而形成射孔通道。为提高切割效果,常在射孔液中加入一定浓度的砂粒。水力喷射射孔完井工艺技术成熟,拖动射孔管柱可进行多层、多段射孔施工。目前水力喷射射孔完井使用最多的还是套管固井后射孔完井。美国大多数页岩气水平井均采用套管射孔完井。

在页岩气水平井完井中使用较广泛的是组合式桥塞完井。组合式桥塞完井利用组合式桥塞将水平井段分隔成若干段,再分段进行射孔、压裂。具体操作流程为:下套管、固井、射孔、压裂、坐封桥塞、钻桥塞。由于现场流程复杂,因此是最耗时的一种完井方式。

机械式组合完井利用遇油(遇水)膨胀封隔器和开关滑套组成完井管柱,对井筒进行固井和分层(分段)压裂,尤其适用于水平裸眼完井。具体流程为:将完井管柱下入水平井段,坐封悬挂器、注入柴油膨胀封隔器,将环空分段封隔。从井口注入压裂液,先对水平井最末端的井段实施压裂,然后通过井口投入低密度球操控井底的开关滑套,并利用球的尺寸将下一井段隔开,对第二段实施压裂。依次投入尺寸逐渐增大的低密度球,即可由井底向上进行逐段压裂。目前的技术已能进行20 段以上的分段压裂。压裂施工完成后即可进行放喷洗井,将投入井下的低密度球回收后即可投产。目前在钻井市场主要使用 Halliburton 公司的 DeltaStim 完井技术。

10.5　　多分支完井

多分支井是指在一口主井眼中钻出两口或多口进入油气藏的分支井眼(也称为二级井眼),甚至再从二级井眼中钻出三级子井眼。主井眼可以是直井、定向斜井,也可以是水平井。分支井眼可以是定向斜井、水平井或波浪式分支井眼,如图 10-1 所示。主井眼可以是新井,也可以是老井。多分支井可以在一个主井桶内开采多个油气层,实现 1 井多靶,油气开采立体化。

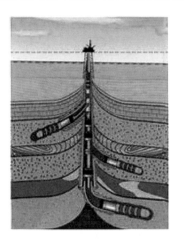

图 10-1　多分支井示意

10.5.1　分支井特点

与普通定向井、水平井相比,多分支井具有以下优点。

(1) 在井眼结构方面,存在多个分支井眼,分支井眼之间存在连接过渡问题。

(2) 在油藏工程方面,多分支井能增大油藏的裸露面积,提高泄油效率;改善油流动态剖面,降低锥进效应,提高重力泄油效果;可以对多种油气藏进行经济开采。

(3) 在钻井方面,减少钻井设备的搬迁;由于多个分支井共用一个主井眼,可节约套管、泥浆费用,降低了平台建造费用。

(4) 在地面工程方面,节省土地使用面积,地面管汇建设、油井管理等费用大大降低。

与普通定向井、水平井相比,多分支井具有以下缺点。

(1) 存在完井风险,有可能丢失分支井眼,从而不能沟通目标油藏;

(2) 增加了泥浆对油层的浸泡时间,可能造成油藏伤害;

(3) 在分支井眼洗井作业时,因各分支井眼不同的要求,可能牵涉到的过程比较复杂;

（4）操作费开支由于风险因素的存在而无法完全确定。

世界上最早提出分支井理论的是苏联，并于 1952 年进行了第一批试验，一些分支井的井底距离达到 300 m。到 1975 年已经钻了 30 多口分支井，每个分支井眼在油层中延伸 60～300 m。每口分支井的钻井成本比 1 口直井钻井成本增加 30%～80%，而分支井的产量却达到直井产量的 17 倍之多。至 1990 年苏联共有 111 口分支井。

据美国 HIS 能源集团统计，至 1999 年 5 月美国共有分支井 3 884 口，加拿大共有分支井 1 891 口。

德州 Aneth 地区多分支井钻井成本如表 10－1 所示。

表 10－1 德州 Aneth 地区多分支井钻井成本

分支井数	总成本/美元	平均钻一口分支井的成本/美元
单个分支	385 000	385 000
双分支	505 000	253 000
四分支	700 000	175 000
六分支	950 000	158 000

双分支井产量提高两倍以上，四分支井产量接近于单井产量的 5 倍。

10.5.2　分支井的 6 级完井方法

1997 年，英国 Shell 公司和一些油田技术服务公司在阿伯丁举行了第一届"多分支井的技术进展论坛"，来自世界主要油公司和服务公司（包括英国石油公司、雪佛龙、埃索、美孚、菲利普斯、壳牌、埃克森、挪威国家石油公司、德士古、道达尔等）的多分支井技术专家从复杂性和功能性角度建立了 TAML（Technology Advancement Multi Laterals）分级体系，按完井方式将分支井分为 6 个级别，其目的是为多分支井技术的发展指出一个更加统一的方向。

TAML 评价多分支井技术有三个特性：连通性、隔离性和可及性（可靠性、可达性、含重返井眼能力），使其成为目前钻井的前沿技术。6 级分支井的具体性能见表 10－2。

级　别	1	2	3	4	5	6
接口支撑	无支撑	无支撑	机械支撑	水泥支撑	水泥支撑	套管支撑
接口密封	不密封	不密封	不密封	不密封	密封	密封
支井重入	不能重入	不能重入	有限重入	起油管进入	过油管进入	能重入
采油	合采	合采	合采	合采	分采	分采 合采

表 10-2　分支井
6 级完井方式性能

截至 2000 年 6 月，Shell 公司对 TAML 1~4 级已经在 6 个油田加以使用，并在 2001 年再用于另外的 7 个油田。世界上第一口 TAML 5 级多分支井是 Shell 公司 1998 年在巴西近海 Voador 油田从半潜式钻井平台上钻的一口反向双分支井，这是一口注水井。

Shell 公司 1998 年在加利福尼亚一口在岸陆上井成功地安装了一个 6 级完井的主-分井筒连接部件。该井是在 9 5/8″主井筒套管上连有 2 个 7″分支井的连接部件，它具有 2 500 psi① 的额定压力。

目前世界上用得最多的是 4 级分支井。美国和中国山西（2004 年）先后将鱼刺分支水平井技术用于开采煤层气。图 10-2 为鱼刺分支井剖面图。

图 10-2　鱼刺分
支井剖面

1. 一级完井

一级完井——主井眼和分支井眼都是裸眼。

一级完井的侧向穿越长度和产量控制受到限制。完井作业不对各产层进行分隔，也不能对层间压差进行任何处理。一级完井如图 10-3 所示。

---

① 1 磅力/平方英寸(psi) =6.89 千帕(kPa)。

图10-3 分支井一
级完井示意

2. 二级完井

二级完井——主井眼下套管、注水泥完井，分支井裸眼或只放筛管（不注水泥）完井。

主-分井筒连接处保持裸眼，或者在分支井段使用"脱离式"筛管，即只将筛管（衬管）放入分支井段中而不与主井筒套管进行机械连接。与一级完井相比，可提高主井筒的畅通性，并改善分支井段的重入性能。二级完井如图10-4所示。

二级完井通常要用磨铣工具在套管内开窗，也可使用预磨铣窗口的套管短节。

图10-4 分支井二
级完井示意

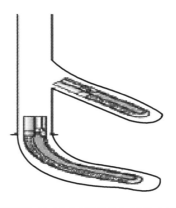

3. 三级完井

三级完井——主井眼和分支井眼都下套管，主井眼注水泥完井，而分支井眼不注水泥。

三级完井提供了井眼的连通性和可及性。分支井衬管通过衬管悬挂器、快速连接系统或其他锁定系统固定在主井眼上,但不注水泥。主-分井筒连接处没有水力整体性或压力密封,但是却有主-分井筒的可及性。三级完井如图 10－5 所示。

三级完井还可以用预制的衬管或割缝衬管。

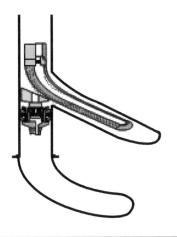

图 10－5　分支井三级完井示意

4. 四级完井

四级完井——主井眼和分支井眼都在连接处下套管、注水泥完井,并提供机械支撑连接,但没有水力的整体性。分支井的套管也可由水泥固结在主套管上。主井眼和分支井都可以全井起下和进入。四级完井如图 10－6 所示。

四级完井虽然复杂,并存在高风险,但是在全世界范围内已获成功。目前大约有几十套可进行 4 级完井的系统,包括 Baker Root 系统、Sperry-Sun 的分支井可回收系统(RMLS)和分支回接系统(LTBS)及完井系统、Halliburton 的 3 000 TM 分支井系统,这些系统已在卡塔尔、加利福尼亚、加拿大、印度尼西亚及墨西哥湾等国家和地区得到应用。

5. 五级完井

五级完井——在三级和四级分支井连接技术的基础上,还增加了可在分支井衬管和主套管连接处提供压力密封的完井装置,连接处具有力学完整性、水力完整性和再

图 10 - 6　分支井四
级完井示意

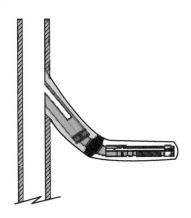

进入能力,能实现完全的层间分隔。可以通过在主套管井眼中使用辅助封隔器、套筒和其他完井装置来对分支井和生产油管进行跨式连接以实现水力隔离。从主井眼和分支井眼都可以进行侧钻。五级完井如图 10 - 7 所示。

图 10 - 7　分支井五
级完井示意

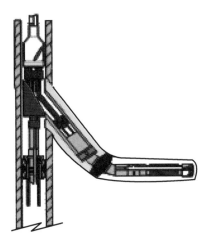

6. 六级完井

六级完井——结合点处的压力由密封装置隔绝,主、分支井眼可实现全通径进入。连接处压力整体性可通过下套管获得,而不依靠井下完井工具。六级完井系统在分支井和主井筒套管的连接处具有一个整体式压力密封,使其在海洋深水和海底安装中具有应用价值。六级完井如图10-8所示。

图10-8 分支井六
级完井示意

7. 6S 级完井

通常认为6S级完井是六级完井的次级。6S级完井使用了一个井下分流器或称地下井口装置,基本上是一个地下双套管头井口,可将一个大直径主井眼分成两个等径小尺寸的分支井眼。6S级完井如图10-9所示。

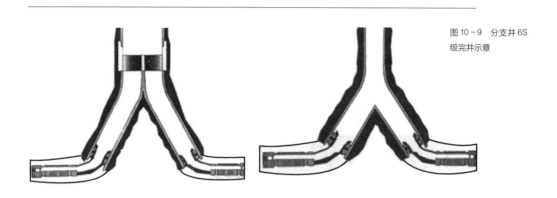

图10-9 分支井6S
级完井示意

2002年中海油与斯伦贝谢在印度尼西亚南爪哇海的 NEIntan A 平台成功完成了世界上第一口6级分支井A-24,在井底安装了永久性的传感器和测量工具,包括井下液压控流阀和测量分支井眼压力、温度和流量的传感器。

10.5.3　国内分支井技术现状

分支井技术是在定向井和水平井技术的基础上发展起来的。通过引进、消化和自主创新，我国已研制了一批具有自主知识产权的分支井系统。

1. 胜利油田定向回接系统

胜利油田钻井工艺研究院研制了尾管悬挂器定向回接系统和预开创分支井完井装置。

（1）定向回接系统

定向回接系统如图 10－10 所示，包括尾管悬挂器、定向回接接头、定向接头、打捞接头、防阻塞接头、斜向器等。钻井时先钻下分支，再钻上分支。下分支通过尾管悬挂器下尾管固井，在尾管悬挂器顶部加装一个专用定向回接接头，通过回接工具与斜向器连接，这样即可进行上分支井眼开窗侧钻，也使后期再进入变得较为容易。

（2）斜向器的回收工艺

在上分支井眼固井后，分支窗口附近的 $\phi244.5$ mm 套管内重叠一部分 $\phi139.7$ mm

图 10－10　定向回接系统

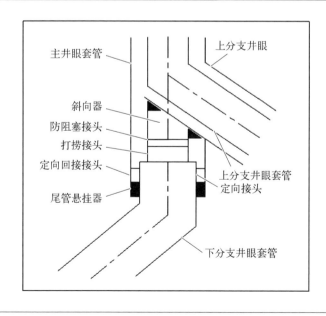

套管。斜向器顶部以上的部分采用领眼磨铣,斜向器顶部以下的部分采用套铣筒套铣,套铣筒进入打捞接头后,将切断的套管与斜向器组合一起回收,即实现了各分支井眼与主井眼的连通。

为避免主套管的磨损和套铣回收斜向器作业耗时长、风险大的问题,作业时采用了预开窗分支井完井装置。

2. 长城钻探分支井完井技术

长城钻探研制了 DF‐1 多分支完井系统,分支井完井管柱示意如图 10‐11 所示。

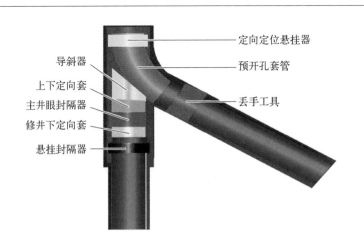

图 10‐11　长城钻探分支井完井管柱示意

定向定位悬挂器
预开孔套管
丢手工具
导斜器
上下定向套
主井眼封隔器
修井下定向套
悬挂封隔器

DF‐1 多分支完井系统由下分支井眼悬挂器、下定向套、上定向套、主井眼封隔器、修井下定向套、可捞式造斜器、导斜器、上分支井眼柱水泥工具、丢手工具、预开窗套管和定向定位悬挂器等组成。DF‐1 多分支完井系统总体上达到 TAML 4 级水平。

3. 西北钻探分支井完井技术

中石油西北钻探公司在分支井钻井完井工艺设计、施工、工具方面已形成成熟完整配套的技术,具备实施 TAML 4 级难度分支井的技术能力。西北钻探公司 TAML 4 级分支井方案如图 10‐12 所示。

利用如图 10‐13 所示的工具可以做到一趟钻实现斜向器定位定向、开窗侧钻作业,作业工序简单、效率高。

DC024 分支井是新疆克拉玛依油田第一口依靠自主技术完成的 TAML 4 级完井

图 10 - 12 中石油西部钻
探 TAML4 级分支井方案

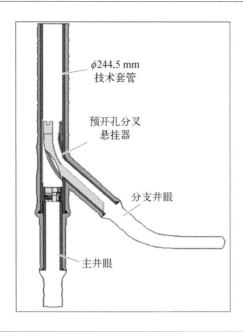

φ244.5 mm
技术套管

预开孔分叉
悬挂器

分支井眼

主井眼

图 10 - 13 斜向器定位定
向与套管开窗工具

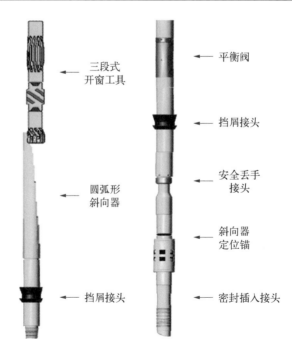

三段式
开窗工具

圆弧形
斜向器

挡屑接头

平衡阀

挡屑接头

安全丢手
接头

斜向器
定位锚

密封插入接头

难度的双分支井。该井在斜向器的定向座放、复式铣锥开窗侧钻、斜向器的打捞回收、分支井眼尾管的弯引鞋导入、主分支井眼完井作业管柱的选择性重入等方面均取得成功,达到了工程试验井的目的,获得了宝贵的现场试验资料和经验,为后续分支井技术的进一步完善与发展提供了重要依据。

TAML4 级难度分支井钻完井包括以下关键技术:

(1)斜向器定位及套管开窗技术;

(2)分支井眼套管下入技术;

(3)分叉点处理技术;

(4)主、分支井眼可选择性重入技术。

2007 年,新疆油田在陆梁油田陆 9 井区部署一口科学试验井——LUHW301Z 双分支水平井,其井身结构如图 10 - 14 所示。

LUHW301z 井现场施工过程中,成功完成了斜向器定向定位与回收、套管开窗、弯引鞋导引分支井眼完井管柱下入、预开孔分叉系统座挂等具有独立知识产权的配套工具、工艺的现场试验,该井的成功钻成,全面验证了中石油西部钻探 TAML 4 级分支井技术研究成果的可行性,为西部油田分支井钻完井技术的进一步发展奠定了坚实的基础。

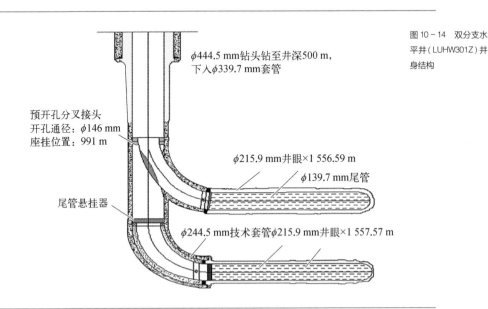

ϕ444.5 mm钻头钻至井深500 m,下入ϕ339.7 mm套管

预开孔分叉接头
开孔通径:ϕ146 mm
座挂位置:991 m

ϕ215.9 mm井眼×1 556.59 m

ϕ139.7 mm尾管

尾管悬挂器

ϕ244.5 mm技术套管ϕ215.9 mm井眼×1 557.57 m

图 10 - 14 双分支水平井(LUHW301Z)井身结构

10.5.4　分支井开发页岩气的优势

多分支水平井应用于低渗透油气藏的开发已有较长的历史,与普通的低渗透油气藏相比,页岩气藏储层更加致密。泥页岩普遍发育天然裂缝,并且存在裂缝发育的"甜点"高产富集区,多分支水平井与采用射孔完井或压裂投产的普通直井相比,具有明显的增产优势。

(1) 增大有效渗流面积

多分支水平井页岩岩层向内延伸500 m目前已无技术上的难题,但在致密的页岩储层中要压开500 m的裂缝存在较大难度。一般要采取分级或分段压裂的方式,这就提高了工艺的难度,降低了可靠性,并对支撑砂等提出了更高的要求。而多分支水平井则可以沟通更多的基质孔隙及裂缝,甚至能够通过多分支井眼形成大面积的网状沟通,从而增加页岩储层的供给范围。

(2) 提高导流能力

与压裂后形成的裂缝尺度相比,多分支水平井的井眼远大于裂缝尺寸,水平井筒内的流动阻力要远小于页岩储层自生裂缝及人工压裂裂缝中的流动阻力,提高导流能力,从而达到增产目的。

(3) 利于钻遇多个"甜点"

页岩气自生自储,无明显圈闭,无气水界面,大面积低丰度连续成藏,低孔、低渗,但存在局部富集、裂缝发育的高产"甜点"区。多分支水平井可以利用地质导向技术,钻遇多处"甜点"从而提升单井产量。

(4) 利于页岩储层保护

普通直井钻井、完井、固井的各个阶段,存在泥浆、固井水泥、外来流体对储层的伤害,页岩气井往往还要进行压裂改造,又会存在压裂液等不配伍或滤失对储层的二次伤害,对于低孔、低渗的页岩,储层伤害程度对产能的影响更为明显;多分支水平井工艺不用进行固井及压裂改造,在钻井过程中采用无固相低密度钻井液等即可降低储层伤害,难度大大降低。

第 11 章

钻井井控技术

所谓井控即井涌控制或压力控制,就是利用特定的设备(符合要求的防喷器或防喷器组),采取一定的方法(合理的泥浆密度)控制住地层孔隙压力,基本上保持井筒内压力平衡,从而确保钻井的顺利进行。

目前井控技术已从单纯的防止井喷发展成为保护油气层、防止破坏资源、防止环境污染的重要技术。

11.1 钻井井控的重要性

钻井过程中,经常会遇到地层压力系数高、浅气层、高气压层、部分地层含硫化氢等情况,使钻井工作存在一定的危险。为了保证钻井工作的顺利进行,保证油田企业的正常发展,保证国家和人民的生命财产安全,做好井控工作非常重要。尤其在实现平衡钻井中井控安全技术更是起着至关重要的作用。提高井控安全技术人员和井控人员的专业素质,有助于最大限度地发现、保护和解放油气层。

11.2 井控安全技术现状

在钻井工作中,由于受到勘探井井深、周期长、地层复杂、地层压力高、硫化氢含量高等的影响,使得井控安全技术面临重大困难。

(1)在高含硫地区进行钻井作业时,由于硫化氢的存在,使得井控技术面临重大安全风险。在高含硫地区进行勘探作业时,这种特殊的作业环境给井口设备、套管、油管等材料或者工具带来更高的要求,如果发生井喷或泄漏事件,极容易发生硫化氢恶性中毒事件。

(2)井控安全技术存在着脱气困难的难题。在超高压油气井钻井时,一般情况下需要通过加大钻井液密度来平衡地层压力。但是高密度、高黏度钻井液的除气是一个非常困难的问题,阻碍了钻井作业的正常进行。

(3)钻井设备承压能力有限。在超高压油气层的钻井作业中,如果在发现溢流和实施关井作业过程中出现严重的操作失误,就可能导致关井立管压力大于钻井泵的正常工作压力,从而使得钻井泵无法实施压井作业。

11.3　井控技术分级

根据井涌的规模和采取的控制方法的不同,井控作业分为三级,即一级井控、二级井控和三级井控。

1. 一级井控

一级井控也叫初级井控。采用合适的钻井液密度和技术措施使井底压力稍大于地层压力,使得没有地层流体侵入井内,井涌量为零,没有溢流产生的钻井过程称为一级井控。

一级井控的重点是确定一个合理的钻井液密度,所提供的钻井液液柱压力为安全钻井形成第一道屏障。一级井控技术要求在进行钻井施工时,首先要考虑配制合适密度的钻井液,确保井内钻井液液柱压力能够平衡甚至大于地层压力,保证井口敞开时也能安全施工。

2. 二级井控

由于某些原因造成正在使用的钻井液在井底形成的压力不能控制地层孔隙压力时,地层流体浸入井内,地面出现溢流。出现这种情况后可以利用地面设备和适当的井控技术来控制溢流,并建立新的井内压力平衡,达到一级井控状态,这一过程就是二级井控。

二级井控技术要求井口必须安装防喷器或防喷器组,井口防喷器组为安全钻井提供第二道屏障。二级井控的关键是"早发现、早关井、早处理"。越早发现溢流越便于关井控制,也就越安全。通常认为,溢流量在 $1 \sim 2 \ \mathrm{m}^3$ 之前发现,是安全、顺利关井的前提。在发现溢流或预兆不明显、怀疑有溢流时,应停止一切其他作业,立即按关井程序关井。在准确录取溢流数据和填写压井施工单后,就应节流循环排出溢流和进行压井作业。

3. 三级井控

三级井控是指二级井控失败,井涌量大,失去了对地层流体流入井内的控制,发生了井喷(地面或地下),这时依靠井控技术和井控设备重新恢复对井的控制,达到一级井控状态。

三级井控即我们常说的井喷抢险,出现这种情况可能需要采用灭火、打救援井等各种具体技术措施。通常,我们要力求保持一级井控状态,同时做好一切应急准备,一旦发生井涌、井喷能迅速处理,尽快恢复正常钻井作业。要立足做好一级井控,快速准确实施二级井控,杜绝发生井喷失控。

11.4　　　井眼与地层压力系统

井眼与地层压力系统包括井眼静液压力、地层压力、上覆岩层压力等。

1. 井眼静液压力

井眼静液压力是由静止液体重力产生的压力,由下式计算:

$$p_h = \rho g H \tag{11-1}$$

式中,p_h 为静液压力,kPa;g 为重力加速度,m/s^2;ρ 为液体密度,g/cm^3;H 为液柱高度,m。

通常表述压力除了用压力单位表示外,还有另外三种表示法,即用压力梯度表示;用流体当量密度表示;用压力系数表示。

压力梯度是每增加单位垂直深度压力的变化量,用下式计算:

$$G = p/H = g\rho \tag{11-2}$$

式中,G 为压力梯度,kPa/m;p 为压力,kPa 或 MPa;H 为液柱高度,m 或 km。

流体当量密度就是实际流体的密度。压力系数是实际流体的密度与水的密度的比值。

2. 地层压力

地层压力是地下岩石孔隙内流体的压力,也称孔隙压力。

正常情况下,地下某一深度的地层压力等于地层流体作用于该处的静液压力,这个压力就是由某深度以上地层流体静液压力所形成的,称为正常地层压力。正常地层压力梯度应为 $9.81 \sim 10.496$ kPa/m。

如果地层压力梯度小于 9.81 kPa/m,称为异常低压地层;如果地层压力梯度大于 10.496 kPa/m,称为异常高压地层。

3. 上覆岩层压力

地层某深度以上的岩石和其中流体对该深度所形成的压力称为上覆岩层压力。上覆岩层压力与地层孔隙压力的关系是:

$$\sigma_0 = M + p_p \tag{11-3}$$

式中,p_p 为地层孔隙压力,MPa;σ_0 为上覆岩层压力,MPa;M 为基体岩石压力,MPa。

也可以按下式计算:

$$\sigma_0 = gH\left[(1-\phi)\rho_{ma} + \phi\rho_f\right] \tag{11-4}$$

式中,H 为井深,m;ϕ 为地层孔隙度,%;ρ_{ma} 为地层骨架密度,g/cm^3;ρ_f 为地层流体密度,g/cm^3。

4. 抽吸压力和激动压力

上提钻柱时,由于钻井液黏滞作用而减小的井底压力值称为抽吸压力 p_{sb}:

$$p_{sb} = gs_bH \tag{11-5}$$

式中,s_b 为抽吸压力系数,g/cm^3。一般应控制 $s_b = 0.036 \sim 0.08$ g/cm^3。

下钻或下套管时,由于钻头下行挤压钻井液,使井底压力增加的值称为激动压力 p_{sg}:

$$p_{sg} = gs_gH \tag{11-6}$$

式中,s_g 为激动压力系数,g/cm^3。一般应控制在 $s_g = 0.024 \sim 0.1$ g/cm^3。

5. 地层破裂压力

某一深度的地层发生破碎或裂缝时所能承受的压力称为地层破裂压力。钻进时，钻井液柱压力的下限要保持与地层压力相平衡，这样既不污染油气层，又能提高钻速，实现压力控制。而其上限则不应超过地层的破裂压力，以免压裂地层造成井漏。

6. 井底压力

地面和井内各种压力作用在井底的总压力之和称为井底压力 p_{he}：

正常钻进时： $$p_{he} = p_h + \Delta p_a \qquad (11-7)$$

起钻时： $$p_{he} = p_h - p_{sb} \qquad (11-8)$$

下钻时： $$p_{he} = p_h + p_{sg} \qquad (11-9)$$

最大井底压力： $$p_{he} = p_h + \Delta p_a + p_{sg} \qquad (11-10)$$

最小井底压力： $$p_{he} = p_h - p_{sb} \qquad (11-11)$$

式中，Δp_a 为环空循环压降，MPa。井底压力与地层压力之间的差值称为压差。

7. 钻井液循环压力

当钻井液在井内循环时，由于井筒对钻井液产生摩擦阻力，将使井底承受一个因钻井液流动而产生的附加压力，这个附加压力称为钻井液循环压力。

11.5　　　地层压力检测

11.5.1　　　地层压力检测的意义

异常压力的检测指导并决定着油气勘探、钻井和采油的设计与施工。对钻井作业来说，压力检测关系到钻井作业能否高速、安全、低成本，甚至决定钻井作业的成败。通过压力检测掌握地层压力、地层破裂压力等地层参数，正确合理地选择钻井液密度，设计合理的井身结构,更有效地开发、保护和利用自然资源。

11.5.2　　异常压力形成机理

(1)压实作用　随着埋藏深度的增加和温度的增加,孔隙水发生膨胀,而孔隙空间随着载荷的增加而缩小。因此,必须有足够的渗透通道才能使地层水迅速排出,从而保持正常的地层压力。如果沉积速度过快,沉积速度大于孔隙中流体的排出速度,就会有部分流体来不及排出而被圈闭起来,使沉积层内出现欠压实。同时,被圈闭的流体,还要承受部分上覆岩层的压力,使孔隙中流体增加受压,从而形成异常高压。

(2)构造运动　地层自身的构造运动引起各地层之间相对位置的变化。由于构造运动,圈闭有地层流体的地层被断层、横向滑动、褶皱或岩体侵入所挤压,促使其体积变小。如果这部分流体无法排出,则意味着同样多的流体只能要占据更小的空间,因而压力变高。

(3)黏土成岩作用　成岩是指岩石矿物在地质作用下的化学变化。页岩和灰岩经受结晶结构的变化,可以产生异常高的压力。在大段泥岩沉积中,夹有砂岩透镜体时,在压实作用下泥岩中的流体进入砂岩而形成异常高压。

(4)密度差的作用　当存在于非水平构造中的孔隙流体的密度比本地区正常孔隙流体密度小时,则在构造斜上部可能会形成异常高压。

(5)流体运移作用　从深层油藏向上部较浅层运动的流体可以导致浅层变成异常压力层。这种情况叫作浅层充压。

除上述原因外,由于地面剥蚀以及注水开发等也会形成异常压力。

11.5.3　　地层压力检测方法

检测异常地层压力的原理是依据压实理论,即随着深度的增加,压实程度增加,孔隙度减小。

1. 钻井前预测地层压力

钻井前预测地层压力可以采用以下两种方法。

（1）参考临井资料 邻井的电测数值能够很准确地反映出各个地层深度的地层压力数值,这是最好的参考资料,大多数新井钻井过程中的高压层位置都是与邻井电测资料进行对比后得到的。在钻进中可以按邻井的高压层压力值适当地调整钻井液密度,实施近平衡钻井。

（2）参考地震资料 地震波在地层中传播的速度与岩石的埋藏深度和密度成正比,与岩石的孔隙度成反比。在正常压力地层,随着岩石埋藏深度的增加,上面的岩石压力逐渐增加,地层孔隙度逐渐减小,这就使地震波的传播速度随岩石埋藏深度的增加而成正比的增加。当地震波到达高压油气层时,由于高压油气的存在,使地层孔隙度增加,地震波传播的速度随之下降。我们可以根据地震在高压油气层中传播速度的减小值来确定高压层的压力值。

2. 钻进过程中检测地层压力

钻进过程中检测地层压力可以采用以下两种方法。

（1）页岩密度法 在钻进中,取页岩井段返出的岩屑,测其密度,作出密度与深度的关系曲线,通过正常压力地层的密度值画出正常趋势线。以密度正常趋势线为基础对地层压力进行检测。

（2）dc 指数法 dc 指数法是通过分析钻进动态数据,来检测地层压力的一种方法。动态数据中主要是钻速、大钩载荷、转速、扭矩以及钻井液参数。

3. 停钻后检测地层压力

停钻后预测地层压力可以采用以下两种方法。

（1）声波时差法 声波测井记录的纵向声波速度是孔隙度和岩性的函数。在正常压力地层,随井深的增加,地层孔隙度减小,使声波传播速度加快,当声波到达油气层时,传播速度减小。

（2）利用电阻率评价地层压力 不同地层的电阻率不同。正常情况下,随着地层的加深,岩石孔隙度减小,电阻率减小。而遇到油气层,电阻率会增大。

11.5.4 　　地层破裂压力

1. 地层破裂压力的计算

通常用计算地层破裂压力梯度的办法来计算地层破裂压力。地层破裂压力梯度是指每单位深度增加的地层破裂压力值。

地层破裂压力梯度：

$$G_f = \frac{p_f}{H_f} = 9.81\rho_{mf} \tag{11-12}$$

2. 确定地层破裂压力的方法

预测法，应用经验公式预测地层破裂压力，作为钻井设计的依据。

验证法，在下套管固井后，必须进行试漏试验，以验证预测的破裂压力。

验证地层破裂压力的目的是检查注入水泥的质量，并通过验证得到实际地层破裂压力。

可按下述步骤验证地层破裂压力：

（1）钻开套管鞋以下第一个砂层后，循环钻井液，使钻井液密度均匀稳定。

（2）上提钻具，关封井器。

（3）以 0.8～1.32 L/s 的小排量缓慢向井内灌入钻井液。

（4）记录不同时间的注入量和立管压力，一直注到井内压力不再升高并有下降（说明地层已经破裂漏失），停泵，记录数据后从节流阀泄压。

（5）在直角坐标内作出注入量和立管压力的关系曲线，如图 11 - 1 所示。

（6）从图上确定漏失压力 p_L。

（7）计算地层破裂压力 p_f：

$$p_f = p_L + 9.81\rho_m H_f \tag{11-13}$$

式中，p_f 为地层破裂压力，MPa；p_L 为漏失压力，MPa；H_f 为套管鞋处垂深，km。

（8）计算地层破裂压力梯度 G_f：

$$G_f = \frac{p_f}{H_f} \tag{11-14}$$

图 11 - 1 注入量和
立管压力关系曲线

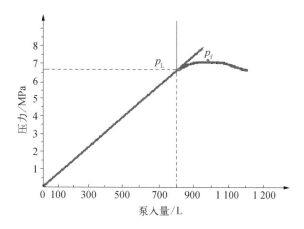

式中, G_f 为地层破裂压力梯度, MPa/m。

验证地层破裂压力时要注意试验压力不应超过地面设备、管线和套管的承压能力; 试验过程中可能由于岩屑堵塞了岩石孔隙而导致试验压力很高, 应加以注意; 该方法适用于以砂、页岩为主的地层。

11.6   井涌的原因、征兆与检测方法

11.6.1   侵入流体分析

在正常钻进或起、下钻作业中, 井涌发生要具备下列条件:

(1)井内环形空间钻井液液柱压力小于地层压力;

(2)井涌地层具有足够的渗透性, 允许流体流入井内。

大多数井涌由抽吸引起, 如起钻速度过快等, 而钻井液密度下降是井涌的另一个因素。一旦发生井涌, 需通过循环泥浆进行压井; 为了保护油气层常采用欠平衡压力

钻进方式钻开油藏时,地层流体就会侵入整个裸眼井段。当侵入流体停留在水平井段时,井底压力不会因为底层流体的侵入而减小;当侵入流体循环出水平井段进入斜井段或直井段时,由于气体体积随压力的减小而增大,井筒中的一部分泥浆将被压回泥浆池,导致井筒流体密度的降低,井底压力会因此而减小。气体离地面越近,压回泥浆池的泥浆就越多,泥浆池液面变化也越明显。

11.6.2　　　　井涌的主要原因及其预防

(1)起钻时井内未灌满钻井液　起钻时,随着钻柱起出井筒,必须向井筒灌入等量的钻井液。如果灌入井筒的钻井液体积小于起出钻柱的体积,会使井筒内钻井液柱高度下降,从而引起井底压力降低,严重时导致溢流与井喷。具体做法是:每起出 3 个钻杆立柱或起出一柱钻铤,需向井筒灌钻井液一次;欠平衡井钻井起钻时必须连续灌注钻井液。

(2)过大的抽吸压力　起钻时随着钻柱的起出,将对井底产生抽吸压力,起钻速度越快,抽吸压力越大。下列因素将导致抽吸压力增大:钻井液黏度大、井径不规则(导致摩擦系数大)、井眼环形空间尺寸小(导致钻头泥包程度大)、深井等。

(3)钻井液密度下降　钻开异常高压油气层时,油气侵入井筒引起钻井液密度下降,静液压力减小,此时应及时调整钻井液密度,防止溢流的发生。

为了减小因钻井液密度下降引起井涌,应正确设计井身结构,尽量准确地估计地层压力;分析临近井资料,特别是发生过地下井喷、注入作业漏失、套管漏失、固井质量不好的或不合理的报废井情况;密切监控钻井参数和电测资料,以便在钻井过程中应用 dc 指数法检测地层压力,对地层压力取得一个合理的估算值;密切监控断层或地层变化情况;安装适当的地面装置,以便及时除掉钻井液中的气体,不要将气侵的钻井液再重复循环到井内;保证钻井液处于良好状态,做到均匀加重。

(4)循环漏失　循环漏失是指井内的钻井液漏入地层,引起井内液柱和静液压力下降。下降到一定程度时,井涌就可能发生。为了减小循环漏失,应设计好井身结构,正确确定下套管深度,是防止漏失的最好方法;试验地层,测出地层的压裂强度,这将有助于确定下套管的位置,有助井涌发生时选择最佳方法;在下钻时,将压力激动减小到最低程度;保持钻井液处于良好的状态,使钻井液的黏度、切力维持在最小值;做好向井内灌水、灌柴油、灌钻井液的准备。

(5)地层压力异常　地层压力异常通常是由于对地层压力掌握不准,从而导致设计钻井液密度偏低,或者由于开发区注水造成地层压力异常。在开发区钻调整井可采取以下措施:一是注水井停注并泄压;二是根据注水层的压力确定钻井液密度。

(6)其他原因　中途测试不好、钻遇邻井、以过快的速度钻穿含气砂层、射孔时控制不住、固井时压差式灌注设备损坏等原因也可能造成井涌。

11.6.3　气侵

1. 气侵的途径与方式

岩石孔隙中的气体随钻碎的岩屑进入井内钻井液中;气层中的气体由于密度差通过泥饼向井内扩散;当井底压力小于地层压力时,气层中的气体大量流入或渗入井内。

2. 井内气体的膨胀

气侵后,在气泡上升过程中,气泡上面的钻井液液柱高度越来越小。气体所受的液柱压力也越来越小,这就使得气体体积逐渐膨胀,越向上升,气体体积膨胀越大。当气体接近地面时气体体积膨胀到最大。

气体在井内上升时体积一直在膨胀,但增加量较小,对井底压力的影响也很小;直到靠近地面时才迅速增加,这时钻井液池液面才增加比较明显,井底压力有明显降低。

3. 开井时井内气体的运移

气体的密度比钻井液的密度低得多,因此,侵入钻井液中的气体总有一个向上运移的趋势。无论是否关井,气体运移总会发生。起钻过程中,少量气侵不易被发现,但随着钻具起出,气体不断运移,几个小时后,气体上升、体积膨胀到一定程度,就表现出极微弱的溢流。最终,气体膨胀将会降低静液柱压力,并且地层内的流体大量侵入井内。

4. 关井时井内气体的运移

关闭防喷器后,因为井筒内体积固定,气体没有膨胀的空间,也就不能膨胀。所以气体就在向上移动的同时,保持压力不变。其结果是气体以地层压力向地面移动。随着气体的上行,气体下面的钻井液静液柱压力将使井底压力增加,而气体上部的静液压力减小将使地面压力增大,导致整个井中压力增加。如果不采取措施,套管压力上升到超过最大允许值,会引起地层破裂,造成地下井喷。因此,在井内气体上升过程中要逐渐有控制地释放钻井液,允许气体膨胀,降低套管压力在允许套压范围内。

关井后,已经发生的气侵可能还在向上运移。在地面的显示是,关井立管压力和套管压力等量增加。

5. 气侵的特点及危害

(1) 侵入井内的气体由井底向井口运移时,体积逐渐膨胀,越接近地面,膨胀越快。因此,在地面看起来气侵很严重的钻井液,在井底只有少量气体侵入。

(2) 一般情况下,气体侵入钻井液后呈分散状态,对井底钻井液柱压力的降低是有限的。只要及时有效地消除侵入的气体,即可有效避免井喷的发生。

(3) 当井底聚集了相当体积的气体形成气柱时,在井口没有关闭的情况下,随着气柱的上升,环境压力降低,气体体积膨胀得更大,替代的钻井液体积也更多,使得井底压力大大降低,这样地层将有更多的气体侵入井内,并最终导致井喷。

(4) 气侵关井后,气体将滑脱上升,在井口聚集。但由于井内没有多余的空间供气体膨胀,使得气体几乎仍保持原来的井底压力。这个压力与钻井液柱压力叠加作用于井筒,很容易导致井漏和地下井喷。

11.6.4　地层流体侵入的检测

1. 钻井设计时进行井涌预测

(1) 使套管、地层压力梯度、设计具有相容性;

(2) 提出监测与防喷设备的适当选择与安装;

(3) 预计地层的各种特性(岩性、压力以及可能井涌的地层);

(4) 确定在井涌或井喷时的应急措施。

2. 钻井时可能井涌的检测

(1) 下钻时的溢流显示　返出的钻井液体积大于下入钻具的钻井液体积;下放停

止,接立柱时井眼仍外溢钻井液;井口不返钻井液,井口液面下降,说明井眼漏失。

（2）钻进时的溢流显示　钻进时的溢流显示包括直接显示和间接显示。

直接显示包括:出口管钻井液流速的加快;钻井液池液面升高;停泵后出口管钻井液的外溢;钻井液发生变化,如返出的钻井液中有油花、气泡、硫化氢味,钻井液密度下降,钻井液黏度降低等。

间接显示包括:机械钻速增加;dc 指数减小;页岩密度减小;岩屑尺寸加大,多为长条带棱角,岩屑数量增加;转盘转动扭矩增加,起下钻柱阻力大;蹩跳钻,放空,悬重发生变化;循环泵压下降,泵冲数增加;在渗透性地层发生井漏时,当井底压力低于地层压力时,就会发生井涌。

（3）起钻时的溢流显示　灌入井内的钻井液体积小于起出钻柱的体积;停止起钻时,出口管外溢钻井液;钻井液灌不进井内,钻井液池液面不降低反而升高。

（4）空井时的溢流显示　出口管外溢钻井液;钻井液液面升高。

3. 钻井时已发生井涌的检测

地层流体进入井内,会在钻井液循环系统引起两种显著的变化:

（1）侵入流体的体积增加了在用钻井液的总量;

（2）钻井液返回的量超过钻井液泵入量。

这两种变化可用下列方法检测:排出管线相对排量增加;停泵,井内流体继续排出;罐内钻井液体积增加;泵压降低,排量增加;起钻时,灌的钻井液量不正常。

11.7　　　关井方式与关井程序

11.7.1　　　关井方式

所谓关井就是利用井口防喷器将井口关闭,防喷器处的压力与钻井液柱压力之和平衡地层压力,从而阻止地层流体的继续侵入。

关井方式包括硬关井、软关井和半软关井三种方式。

（1）硬关井　就是在节流管汇处于关闭状态下，直接关闭环形或闸板防喷器。硬关井的优点是发现井涌后，只让少量的地层流体进入井内。井涌量越小，压井作业越容易。其缺点是水击效应大，冒过大压力加于薄弱地层上的风险，增加地层压裂的危险，容易引起井下井喷。

（2）软关井　就是先开通节流阀，再关环形、闸板防喷器，然后再关闭节流阀。软关井的优点是关井过程中，防止水击效应作用于井口装置，可试关井。其缺点是操作时间长，从发现气侵到关井，会有更多的地层流体进入井内。

（3）半软关井　就是发现井涌后，先适当开通节流阀，再关环形、闸板防喷器，或边开节流阀边关防喷器。这种方式适用于警用速度较快、井口装置承压能力较低、裸眼井段有薄弱地层的情况。

11.7.2　关井程序

（1）钻进时发生溢流的关井程序

发——司钻接到溢流信息后发出报警信号 30 s；

停——司钻停止钻进（停转盘）；

抢——司钻及内、外钳工抢提方钻杆至钻杆接头露出转盘面；

开——司钻、副司钻及场地工打开平板阀；

关——司钻、副司钻关防喷器，注意先关环形防喷器，再关闸板防喷器；

关——井架工及场地工关节流阀，试关井，注意套压不允许超过极限压力；

看——内钳工、井架工及泥浆工观察套压、立压及泥浆的变化量。

（2）起下钻杆时发生溢流的关井程序

发——司钻接到溢流信息后发出报警信号 30 s；

停——司钻、内外钳工及井架工停止起下钻；

抢——司钻、内外钳工及井架工抢装钻具及旋塞阀；

开——司钻、副司钻及场地工打开平板阀；

关——司钻、副司钻关防喷器,注意先关环形防喷器,再关闸板防喷器;

关——井架工及场地工关节流阀,试关井,注意套压不允许超过极限压力;

看——井架工及泥浆工观察套压及泥浆的变化量。

(3)起下钻铤时发生溢流的关井程序

发——司钻接到溢流信息后发出报警信号30 s;

停——司钻、内外钳工及井架工停止起下钻;

抢——司钻、内外钳工及井架工抢下钻杆接防喷单根;

开——司钻、副司钻及场地工打开平板阀;

关——司钻、副司钻关防喷器,注意先关环形防喷器,再关闸板防喷器;

关——井架工及场地工关节流阀,试关井,注意套压不允许超过极限压力;

看——井架工及泥浆工观察套压及泥浆的变化量。

(4)空井时发生溢流的关井程序

发——司钻接到溢流信息后发出报警信号30 s;

停——司钻及有关岗位停止作业;

抢——司钻、内外钳工及井架工抢下钻杆、装钻具、防喷器;

开——司钻、副司钻及场地工打开平板阀;

关——司钻、副司钻关防喷器,注意先关环形防喷器,再关闸板防喷器;

关——井架工及场地工关节流阀,试关井,注意套压不允许超过极限压力;

看——内钳工、井架工及泥浆工观察套压、立压及泥浆的变化量。

(5)测井时发生溢流的关井程序

测井时若发生溢流,在条件允许的情况下,争取将电缆起出,然后按照空井工况去完成关井操作程序。如果情况紧急,没有时间起出电缆,则只好切断电缆,然后按照空井工况去完成关井操作程序。

(6)下套管时发生溢流的关井程序

下套管前,应将防喷器芯子换成与套管尺寸相一致的闸板芯。准备好与套管扣一致的带大小头的止回阀。遇到溢流后,其关井程序按下钻杆关井程序进行。

水平井井涌一般宜采用软关井,以减少对地层的冲击效应。水平井压井方法主要有司钻法和等待加重法,其方法的选择取决于井眼条件。一般浅或中深的斜井段长的水平井最好用司钻法;而造斜点深、斜井段较短的水平井一般采用等待加重法。

11.7.3 关井时应注意的问题

(1) 关防喷器时要注意先关环形防喷器,再关闸板防喷器,否则将导致闸板两侧压差过大而使关闭闸板防喷器困难;

(2) 关节流阀时速度不要太快,保持套压在允许范围内;

(3) 关闸板防喷器时不能将钻具坐在转盘上,而应处于悬吊状态,可避免由于钻具不居中而封不住;

(4) 如果需要向井内下入钻具,不能在泥浆外溢的情况下敞着井口抢下钻,而应该采用上、下两个闸板防喷器强行下钻;

(5) 当套压较大时,不能将节流阀关死,应该在保持尽可能高的套压情况下进行节流循环。

11.7.4 侵入井内的流体性质的判别

发生井涌关井后,应及时判别侵入井内的流体性质。侵入的流体有可能是油、气、水,或者是上述物质的混合物。判别侵入流体的性质通常需要较为准确的泥浆溢流量。但由于井眼直径的不规则,以及泥浆池泥浆增加量测量不准确等,使得侵入流体性质的判别比较困难。因此只能近似判别流体性质。

先根据泥浆池增加量计算侵入流体在井筒环空内的高度,然后再根据套管压力比立管压力高出的值按照下式计算侵入井内的流体密度:

$$\rho_i = \rho_m - (p_c - p_s)/(gH_i) \tag{11-15}$$

式中,p_c 为关井套管压力,MPa;p_s 为关井立管压力,MPa;ρ_m 为井内泥浆密度,g/cm³;ρ_i 为侵入井内流体的密度,g/cm³。

一般情况下：

当 $\rho_i = 0.12 \sim 0.36 \text{ g/cm}^3$，侵入的流体为气体；

当 $\rho_i = 0.36 \sim 0.6 \text{ g/cm}^3$，侵入的流体为油气或水气混合物；

当 $\rho_i = 0.6 \sim 0.84 \text{ g/cm}^3$，侵入的流体为油、水或油水混合物。

11.7.5 套管压力与钻井液池液面

直井发生气侵时，随着侵入气体循环上移，体积逐渐增大，气体体积越大从井筒中被替出的钻井液也越多，导致钻井液池液面上升，井筒液柱压力下降。

水平井发生气侵时，如果侵入气体没有循环出水平井段，不会影响钻井液静液柱压力；当侵入气体循环出了水平井段时，钻井液静液柱压力减小。

11.7.6 循环出侵入流体

由于起钻发生抽吸井涌时，此时钻头已离开井底，要将侵入流体循环到水平井段以上后关井，再下钻杆到水平井段，井涌才能压住。为避免加剧井涌，推荐用司钻法循环出侵入流体。循环时，要慢慢转动钻具，以防止钻具卡钻。

11.7.7 压井液循环到钻头

直井中压井液泵到钻头，得终循环压力。水平井中压井液泵到水平井段，得终循环压力，此时，离钻头还有一段距离。当压井液刚到水平井段时可增加到最大的"过平衡"压力值，水平井段越长，"过平衡"压力值越大。应确保此"过平衡"压力值不会引起井漏。

11.8　　　恢复压力平衡的方法

恢复压力平衡的方法就是压井。压井的目的是恢复井眼与地层之间的压力平衡,使井内的泥浆液柱压力不低于地层孔隙压力。

11.8.1　　　泥浆气侵时圈闭压力的检查与释放

发生油水侵时:关井后,立压和套压达到一定数值后将趋于平稳。

发生气侵时:关井后,在滑脱上升的过程中,由于气体不能自由膨胀,是带压上升的,因此立压和套压会随时间不断升高,当立压或套压与泥浆液柱压力之和大于地层压力之后,有可能将地层压漏;或者由于立压和套压太高,超过设备的承压能力而损坏设备。

将立压或套压与泥浆液柱压力之和高于地层压力后继续升高的值称为圈闭压力。为了防止套压超过极限压力、防止因套压过高而压漏地层,可对圈闭压力进行释放。释放圈闭压力按如下方法进行。

开启节流阀,释放40~80 L钻井液,然后关闭节流阀并观察立管压力变化。如果立管压力没有变化或略有增高,表示没有圈闭压力,此时记录的立管压力即是关井立管压力。如果立管压力上升,则继续释放钻井液,直到立管压力不再上升。此时圈闭压力已经释放掉了,所读取的立管压力即是真实的关井立管压力。

在压力释放过程中,立管的压力变化会滞后于节流阀的动作,因此释放泥浆后需要等待一定时间。

11.8.2　　　井底压力的确定及压井泥浆密度的计算

压井的目的是在井底压力和地层压力之间建立起新的平衡,因此必须知道井底压力并由此计算所需的钻井液密度。

1. 井底压力的确定

在静止状态下,井底压力等于钻柱或环空静液柱压力。

在静止关井条件下,井底压力等于关井钻杆压力加上钻柱静液压力或等于关井套管压力加上环空静液压力。在动态条件下,井底压力是环空静液压力、环空、节流管线压力损失和套管压力的总和。

根据 U 形管原理,将钻柱和环空看作连通的 U 形管,井底地层处于 U 形管的底部。关井后的压力平衡关系为

$$p_s + p_{hi} = p_p = p_c + p_{ha} \qquad (11-16)$$

式中,p_{hi} 为钻柱内静液压力,MPa;p_{ha} 为环空内静液压力,MPa;p_p 为地层孔隙压力,MPa。

由于环空钻井液受地层流体侵入的影响,其密度往往难以确定,因此地层孔隙压力的计算公式应为

$$p_p = p_s + p_{hi} = p_s + g\rho_d H \qquad (11-17)$$

地层当量泥浆密度为

$$\rho_p = \rho_d + p_s/(gH) \qquad (11-18)$$

2. 压井所需钻井液密度的确定

用重泥浆建立新的平衡后,在开井的情况下应能够依靠重泥浆在井底产生的静液压力平衡地层压力,即井眼内应满足下列条件:

$$p_p = p_{hk} = p_s + g\rho_d H \qquad (11-19)$$

所以:

$$\rho_k = \rho_d + p_s/(gH) \qquad (11-20)$$

为了确保安全,通常在此基础上再增加一个附加值,即

$$p_{hk} = p_s + g\rho_d H + \Delta p \qquad 或 \qquad \rho_k = \rho_d + \frac{p_s}{gH} + \Delta\rho \qquad (11-21)$$

对于油井,$\Delta p = 1.5 \sim 3.5 \text{ MPa}$,$\Delta\rho = 0.05 \sim 0.1 \text{ g/cm}^3$;

对于气井,$\Delta p = 3.0 \sim 5.0 \text{ MPa}$,$\Delta\rho = 0.07 \sim 0.15 \text{ g/cm}^3$。

3. 套压的最大允许值

关井允许的最大套管压力是在不破坏防喷设备、套管或地层条件下,一口井所能承受的最大压力。套压的最大允许值不得超过井口装置的额定工作压力;不得超过套管抗内压强度的80%;与泥浆液柱压力之和不得大于地层破裂压力。

11.8.3　压井工艺

压井的基本工艺过程就是采用合适的泵速和泵压,将配制好的具有一定密度的钻井液压注入井筒内,替换出井筒内被污染的泥浆。

压井过程中应遵循的一个基本原则是:在整个压井过程中,通过调节节流阀的开启度保持井底压力不变,这一原则也称为井底常压法。

（1）工程师法

工程师法又称一次循环法。压井过程中只需要循环一周钻井液。用配制的压井钻井液将环空中井侵流体顶替到地面,直到重钻井液返出地面。

（2）司钻法

司钻法又称二次循环法。压井过程中需要循环两周钻井液。

第一循环周,用原浆将环空中的井侵流体顶替到地面,同时配制压井钻井液。

第二循环周,用压井钻井液将原浆顶替到地面。

（3）循环加重法

循环加重法就是边循环边加重,压井可在一个或几个循环周内完成,根据井的具体情况而定。

11.9　井控设备

井控设备是指实施油气井压力控制技术所需的专用设备、管汇、专用工具、仪器和仪表等的统称。

在油气井钻井过程中,如果钻井液液柱压力低于地层压力,地层中的流体就会进入井筒中,大量地层流体进入井筒后,可能产生井涌、井喷,乃至井喷失控、着火等,造成钻井设备损坏、环境污染、资源破坏、危及人员生命安全。井控设备是在地层压力超过钻井液液柱压力时,及时发现溢流,控制井内压力,避免和排除溢流,以及防止井喷和井喷失控事故处理的重要设备。

11.9.1　　井控设备的功用

(1) 正常钻进、起下钻和其他停钻过程中,可对溢流、井喷进行及时准确地监测和预报。

(2) 发生溢流、井涌或井喷时,能快速有效地控制井口,控制井筒内流体(钻井液、油、气、水)的释放;能及时泵入高密度钻井液压井,以恢复和重建井底压力平衡。

(3) 允许向钻杆内或环空泵入钻井液、压井液或其他流体。

(4) 发生井喷或井喷失控乃至着火时,具备有效的处理复杂事故的基本条件;进行灭火抢险等处理作业。

(5) 能在不压井和关井情况下起、下管柱以及固井,并能满足堵漏等特殊作用中防止井喷。

(6) 井控设备要求操作方便、灵活可靠,同时保证操作人员安全。

11.9.2　　井控设备的组成

井控设备由井口装置、井控管汇、钻具内防喷工具、井控仪器仪表、钻井液净化、灌注装置以及专用设备及工具等组成,如图 11-2 所示。

(1) 井口装置:防喷器、控制系统、四通、套管头等;

(2) 井控管汇:节流管汇、压井管汇、防喷管汇和放喷管线等;

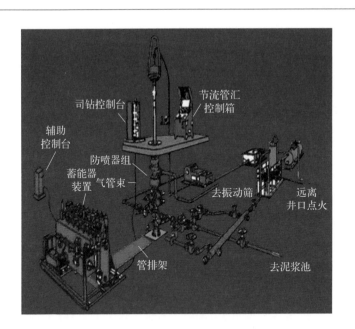

图 11-2 井控设备
组成示意

（3）钻具内防喷工具：方钻杆上、下旋塞、钻具止回阀等；

（4）井控仪器仪表：综合录井仪、液面监测仪等；

（5）钻井液净化、灌注装置：钻井液净化系统、除气装置、增加密度及自动灌注装置等；

（6）专用设备及工具：旋转头、自封头、不压井起下装置、清理障碍物专用工具及灭火设备。

11.9.3 防喷器

防喷器是井控设备的关键部分，其性能优劣直接影响油气井压力控制的成败。

1. 对防喷器的要求

为保障钻井作业的安全，防喷器必须满足下列要求。

（1）关井动作迅速　闸板防喷器利用液压能够在 3～8 s 内实现关井；环形防喷器

利用液压能够在 30 s 内实现关井。

（2）操作方便　开、关井是利用液压传动的方式，而非机械的方式，并可直接在司钻台遥控。

（3）安全可靠　要求液压防喷器强度高、封井机能可靠、操作方便。

（4）现场维修方便。

2. 防喷器的最大工作压力

最大工作压力是指防喷器安装在井口投入工作时所能承受的最大工作压力，是防喷器的耐压强度指标。

SY/T 5053.1《地面防喷器及控制装置》规定，最大工作压力 p 分为 6 级：14 MPa、21 MPa、35 MPa、70 MPa、105 MPa、140 MPa。

防喷器压力等级的选用应与裸眼井段中最高地层压力相匹配。

对浅井、生产井中井控装置压力级别的选择，主要是根据井控装置要承受的预期最大地层压力，即井中可能出现的最高压力，此压力是以溢流或井喷时迅速控制井口并保证井筒内有一半或一半以上的液柱压力来估算的，即

$$井控装置耐压力 = 地层压力 - \frac{1}{2}井筒液柱压力$$

对高压、超高压油气井、探井等，应选用工作压力级别高的井控装置，即对防喷器压力级别的选择，是按全井最高地层常用压力来选用，即

$$井控装置耐压力 = 地层压力$$

3. 防喷器的公称通径

公称通径是指防喷器的上下垂直通孔直径，是防喷器的尺寸指标。

SY/T 5053.1《地面防喷器及控制装置》规定，公称直径 D 分为 11 种：101.6 mm、180 mm、230 mm、280 mm、346 mm、426 mm、476 mm、528 mm、540 mm、680 mm、762.2 mm。

4. 地面液压防喷器的型号

地面液压防喷器的型号由下列代号及数字组成：产品代号 + 通径尺寸 + 额定工作压力。

环形防喷器：FH + 通径代号 + 额定工作压力 MPa

双环形防喷器：2FH + 通径代号 + 额定工作压力 MPa

单闸板防喷：FZ + 通径代号 + 额定工作压力 MPa

双闸板防喷器：2FZ + 通径代号 + 额定工作压力 MPa

三闸板防喷器：3FZ + 通径代号 + 额定工作压力 MPa

注：通径代号为以 cm 为单位的公称通径圆整值。

选择井口防喷器组合时，主要考虑以下因素。

（1）通径大小。公称通径应与套管头下的套管尺寸相匹配，以便通过相应尺寸的钻头与钻具。

（2）耐压能力。压力等级应大于可能出现的预期井口最高压力。我国一般按井内最高地层压力来选 BOP 的压力级别。

（3）类型和数量。以在空井、井内有钻具、钻具外径不同等各种工况下能迅速关井为原则。

5．环形防喷器

环形防喷器，也称万能防喷器或球形防喷器等。如图 11 - 3 所示为球形胶芯环形防喷器。

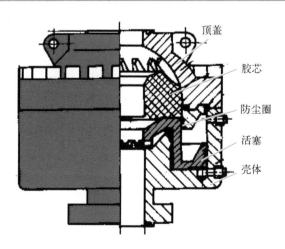

图 11 - 3　球形胶芯
环形防喷器示意

顶盖

胶芯

防尘圈

活塞

壳体

环形防喷器的特点是承压高、密封可靠、操作方便、开关迅速,适用于密封各种形状和不同尺寸的管柱,也可全封闭井口。

环形防喷器通常与闸板防喷器配套使用,也可单独使用。

环形防喷器具有以下作用。

(1)当井内有钻具、油管或套管时,能用一种胶芯封闭各种不同尺寸的环形空间;

(2)在进行钻进、取芯、测井等作业中发生井涌时,能封闭方钻杆、取芯工具、电缆及钢丝绳等与井筒所形成的环形空间;

(3)当井内无钻具时,能全封闭井口;

(4)在使用调压阀或缓冲蓄能器控制的情况下,能通过18°无细扣对焊钻杆接头,强行起下钻具。

使用环形防喷器的注意事项如下。

(1)如果井内有钻具时发生井喷,可先用环形防喷器控制井口,但尽量不要长时间封井,一个原因是胶芯易过早损坏,二是无锁紧装置。若非特殊情况,不用它封闭空井(仅球形类胶芯可封空井)。

(2)用环形防喷器进行不压井起下钻作业时,必须使用带18°斜坡的钻具,过接头时起、下钻速度要慢(不得大于0.2 m/s)。

(3)环形防喷器处于关闭状态时,允许上下活动钻具,但不能旋转和悬挂钻具。

(4)严禁用打开环形防喷器的方法来泄井内压力,以防刺坏胶芯,但允许钻井液有少量的渗漏,而起到延长胶芯使用寿命的目的。

(5)每次开井后必须检查是否全开,以防挂坏胶芯。

(6)进入目的层时,要求环形防喷器做到开关灵活、密封良好。起下钻具一次,要试开关环形防喷器一次,检查封闭效果,发现胶芯失效应立即更换。

(7)固井、堵漏等作业后,要将内腔冲洗干净,保持开关灵活。

6. 闸板防喷器

闸板防喷器的结构如图11-4所示。

闸板防喷器具有以下作用。

(1)封零。井内无钻具时,用全封闸板(盲板)封闭井口,如图11-5所示。

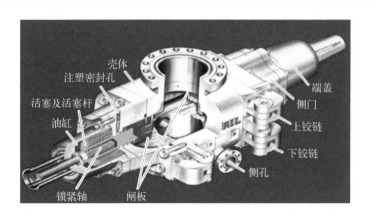

图 11 - 4　闸板防喷器结构

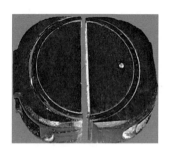

图 11 - 5　全封闸板示意

（2）封环空。井内有钻具时，配用相应尺寸的半封闸板（管子闸板）封闭环形空间，如图 11 - 6 所示；也可采用变径闸板封闭环形空间，如图 11 - 7 所示。

图 11 - 6　半封闸板示意

图 11 - 7　变径闸板
示意

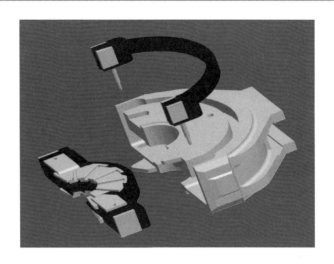

（3）剪切钻具。井内有钻具又需全封井口时,可用剪切闸板迅速剪切钻具全封井口,如图 11 - 8 所示。

图 11 - 8　剪切闸板
示意

（4）代替四通。闸板防喷器壳体上有侧孔,可连接管线代替节流管汇循环钻井液节流防喷和压井,如图 11 - 9 所示。

（5）某些闸板防喷器的闸板允许承重,可用于悬挂钻具。

（6）闸板防喷器可用来长期封井。

闸板防喷器要达到全封闭井口,要求以下四个密封必须同时起作用,即:

（1）前密封　闸板芯子前缘与钻具之间的密封;

（2）顶密封　闸板芯子顶部与壳体内台阶的密封;

图 11-9 壳体上有侧孔的闸板防喷器

（3）侧密封 壳体与侧门间的密封；

（4）轴密封 闸板轴（活塞杆）与侧门间的密封；

为保证闸板工作可靠，在闸板防喷器的设计中采取了如下措施。

（1）浮动式闸板密封。闸板总成与壳体的闸板室有一定的间隙，允许闸板在闸板室内上下浮动；闸板的这种浮动特点，既保证了密封可靠、减少了橡胶磨损、延长了胶芯的使用寿命，又减少了闸板移动时的摩擦力，如图 11-10 所示。

（2）井压助封。在井内有压力时，能从封闭的闸板背部和下部产生一种助封推力，助长前部和顶部密封。井内介质压力越大，助封力越大，如图 11-10 所示。

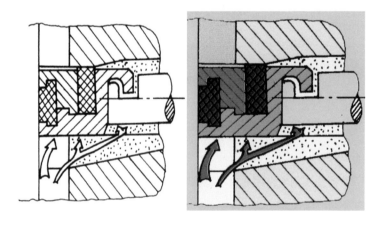

图 11-10 浮动闸板机井压助封示意

（3）自动清砂。闸板的底部有两条向井眼倾斜的清砂槽，闸板开关动作时，遗留在此的泥沙被闸板排入槽中滑落井内，防止堵塞，减少阻力与磨损，如图 11 - 11 所示。

图 11 - 11 闸板清砂槽示意

（4）自动对中。闸板的前端具有相互突出的导向块，又插入对面闸板的凹槽内，导向块斜面能迫使钻具在闸板关闭的过程中移向井眼中心，保证闸板与钻具间密封可靠，如图 11 - 12 所示。

图 11 - 12 闸板导向对中示意

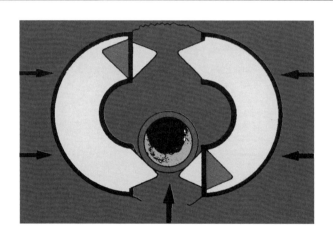

闸板防喷器的正确使用及管理要求介绍如下。

（1）井喷时可用闸板防喷器封闭空井或与闸板尺寸相同的钻具。需长时间关井时,应手动锁紧闸板,并挂牌标明开关后锁紧情况,以免误操作。锁紧或解锁手轮均不得强行扳紧,扳到位后回 $\frac{1}{4} \sim \frac{1}{2}$ 圈。

（2）使用中所装的闸板规格,在现场至少有一副备用件,一旦所装闸板损坏,能及时更换。

（3）严禁用打开闸板防喷器的方法来泄井内压力。每次打开闸板前,应检查手动锁紧装置是否解锁到底;打开后要检查是否全开(闸板总成后退到体内),不得停留在中间位置,以防钻具碰坏闸板。

（4）打开和关闭侧门时应先泄掉控制管汇压力,以防损坏铰链的"O"形圈,打开侧门换闸板,要注意用液压开关闸板时,避免憋坏闸板、闸板轴或铰链,不能同时打开两个侧门。

（5）有二次密封装置的闸板防喷器,只有在活塞杆密封处严重漏失时,才使用二次密封装置注入密封脂。注入量不宜过多,止漏即可,以免损坏活塞杆,一有可能就立即更换活塞杆密封,不可长久依赖二次密封装置。

（6）若闸板在正常压力下打不开时,可在认真分析原因的基础上处理,对于"库美"及仿库美型控制系统,可打开管汇旁通阀,直接用蓄能器的 21 MPa 压力来控制,若仍打不开,则还可用气-液泵直接打压至 36.5 MPa 控制,但这须将蓄能器进出油截止阀关闭后,才允许升至 36.5 MPa。

（7）当井内有钻具时,严禁关闭全封闸板。特殊情况下,可用剪切闸板在剪断井内钻具的同时,封闭井口。

（8）进入目的层后,每天应开关管子闸板一次,检查开关是否灵活。并检查手动锁紧装置是否开关灵活。

（9）配装有环形防喷器的井口防喷器组,在发生井喷紧急关井时必须按以下顺序操作:

首先,利用环形防喷器封井,其目的是一次封井成功并防止闸板防喷器封井时发生刺漏。

然后,再用闸板防喷器封井,其目的是充分利用闸板防喷器适于长期封井的特点。

最后,及时打开环形防喷器,其目的是避免环形防喷器长期封井作业。

11.9.4　节流与压井管汇

1. 节流与压井管汇的作用

通过节流阀的节流作用实施压井作业,替换出井里被污染的泥浆,同时控制井口套管压力与立管压力,恢复泥浆液柱对井底的压力控制,制止溢流;通过节流阀的泄压作用,降低井口套管压力,实现"软关井";通过放喷阀的大量泄流作用,保护井口防喷器组。

当不能通过钻柱进行正常循环时,可通过压井管汇向井中泵入钻井液,以便恢复和重建井底压力平衡,达到控制油气井压力的目的。同时还可以通过它向井口注入清水和灭火剂,以便在井喷或失控着火时防止爆炸着火。

2. 压井管汇的工作压力

根据 SY/T5323—92《压井管汇与节流管汇》的规定,节流压井管汇的最大工作压力分为 5 级：14 MPa、21 MPa、35 MPa、70 MPa、105 MPa。

井场所装设的节流压井管汇,其压力等级必须与井口防喷器组一致。通常管汇压力等级的选定以最后一次开钻时井口防喷器组的压力等级为准,这样可避免由于井口防喷器组压力等级的改变而频繁换装管汇。

3. 节流、压井管汇的公称通径

管汇的公称通径指的是管线的内径。

井口四通与节流管汇五通间的连接管线,其公称通径一般不得小于 76 mm(3″);但对于压力等级为 14 MPa 的管汇可允许 50 mm(2″);如果在钻井作业中预计有大量气流时,通径不得小于 102 mm(4″)。

节流阀上下游的连接管线,其公称通径不得小于 50 mm(2″)。

放喷管线的公称通径不得小于 76 mm(3″)。

压井管汇的公称通径一般不得小于 50 mm(2″)。

11.9.5　内防喷工具

在钻井过程中,当地层压力超过钻井液静液柱压力时,为了防止地层压力推动钻井液沿钻柱水眼向上喷出,保护水龙带不会因高压而被憋破,需要使用钻具内防喷工具。

钻具内防喷工具主要有方钻杆上旋塞阀、方钻杆下旋塞阀、钻具回压阀等。它们的使用,不仅能防止钻井液从钻具水眼喷出,保护水龙带不受地层高压的破坏,避免发生更严重的事故;而且起到了保持钻台清洁、减少环境污染的作用,给钻井工人营造一个安全、良好的工作环境。

1. 钻具止回阀

钻具止回阀有多种结构形式,就密封元件而言,有碟形、浮球形、箭形等密封结构。使用方法也各有差异,有的被连接在钻柱中,有的则在需要时将它投入钻具水眼而起封堵井压的作用。

目前,作业现场多使用箭形止回阀和投入式止回阀。

箭形止回阀(图11-13)采用箭形的阀针,呈流线形,受阻面积小;凡尔座采用尼龙圈,耐磨、密封性能好;下钻时,钻井液能进入钻柱,不用灌钻井液,起钻时不喷钻井液,使用寿命长。箭形止回阀维护保养方便,应注意钻完毕后,立即用清水将内部冲洗干净,拆下压帽涂上黄油。定期检查各密封元件的密封面,是否有影响密封性能的明显冲蚀斑痕,并作必要的更换。使用时可接于方钻杆下部或钻头上部,应注意其扣型是否与钻杆相符。

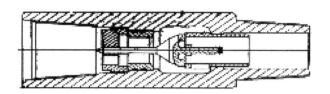

图11-13 箭形止回阀示意

2. 投入式止回阀

投入式止回阀由止回阀及联顶接头两部分组成,如图11-14所示。止回阀由爪盘螺母、紧定螺钉、卡爪、卡爪体、筒形密封件、阀体、钢球、弹簧、尖顶接头等组成;联顶接头由接头及止动环组成。

图 11 - 14 投入式止
回阀示意

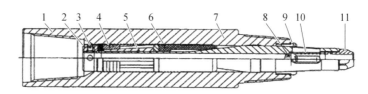

1—联顶接头;2—爪盘螺母;3—紧定螺钉;4—卡爪;5—卡爪体;6—筒形密封圈;7—阀体;8—钢球;9—止动环;10—弹簧;11—尖形接头

止回阀在联顶接头处就位后,当高压液体上涌时,推动阀体上行,联顶接头的锯齿形牙和止回阀上部的卡爪相互锁定,由于阀体上行迫使筒形密封件胀大密封联顶接头的内孔,阀体内的钢球在弹簧的作用下密封阀体水眼,这时,止回阀与联顶接头组成了一套内防喷器,从钻柱内向井下循环液体时,很容易开启止回阀,而井下液体却不能进入阀体水眼,井下流体压力越大,密封性能越好。

选用投入式止回阀时,按钻柱结构选择相应规格的联顶接头,并根据所用钻柱的最小内径比止回阀最大外径大 1.55 mm 以上的原则选择止回阀。

钻井快要进入油气层时,将联顶接头连接到钻铤上部,或直接接到钻头上,当需要投入止回阀时,从方钻杆下部卸开钻具,将止回阀的尖顶接头端向下投入钻柱内孔中。

如果井内溢流严重,则应先将下部方钻杆旋塞阀关闭,然后从下部方钻杆旋塞阀上端卸开方钻杆,将止回阀装入旋塞阀孔中,再重新接上方钻杆,打开下部方钻杆旋塞阀,止回阀靠自重或用泵送至联顶接头的止动环处自动就位,开始工作。使用完后卸下止动环,即可从联顶接头内取出止回阀。

3. 方钻杆旋塞阀

方钻杆旋塞阀是钻柱循环系统中的手动阀,分为方钻杆上部旋塞阀和方钻杆下部旋塞阀。上部方钻杆旋塞阀装于水龙头接头下端与方钻杆之间;下部方钻杆旋塞阀装于方钻杆下端和钻柱上端或方钻杆保护接头上端之间,如图 11 - 15 所示。

上部方钻杆旋塞阀和下部方钻杆旋塞阀的结构基本相同,主要由上接头、阀体、上阀座、球阀芯、下阀座、球芯外壳、旋转开关、密封环、波形弹簧、轴承和各种密封组成。唯一的区别在于,上部方钻杆旋塞阀的接头丝扣为左旋螺纹,而下部方钻杆旋塞阀的接头丝扣为右旋螺纹。方钻杆旋塞阀需要使用专用扳手进行操作。

图 11 - 15 方钻杆旋
塞阀示意

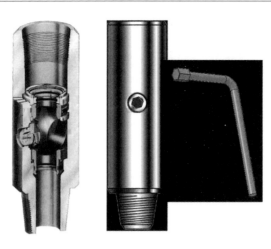

1）方钻杆旋塞阀工作原理

将方钻杆旋塞阀连接在方钻杆两端,通常情况下处于全开状态,钻井液在水眼中正常循环,当井内发生井涌和井喷而需要关闭方钻杆旋塞阀时,用专用扳手按要求转动90°即能关闭旋塞阀。阀关闭后,球阀芯的球面在井内压力和波形弹簧的作用下与上、下阀座的密封面紧密贴合,实现了整个水眼通道的密封,当需要打开方钻杆旋塞阀时,只须用专用扳手反向旋转90°即能打开,打开旋塞阀必须在规定的压差下进行。

2）方钻杆旋塞阀的主要用途

（1）当井内发生井涌或井喷时,钻具止回阀失灵或未装钻具止回阀时,可以先关闭上部方钻杆旋塞阀,然后上提方钻杆关闭防喷器,避免使水龙带被憋破。

（2）上部和下部方钻杆旋塞阀一起联合使用,若上旋塞失效时,可提供第二个关闭阀。

（3）当需要在钻柱上装止回阀时,可以先关下旋塞,防止液体从钻杆中流出。在下旋塞以上卸掉方钻杆,然后装止回阀接上方钻杆,开下旋塞,利用泵压将止回阀送到位。

（4）正常操作时,卸下方钻杆前关闭下部方钻杆旋塞阀,可防止钻井液溅到钻台上。

方钻杆旋塞阀选用时应保证其最大工作压力与井口防喷器组的压力等级一致。

使用前,必须仔细检查各螺纹连接部位,不得有任何损伤或连接处松动现象,方钻杆旋塞阀在连接到钻柱上之前,须处于"全开"状态。

11.10 加强井控安全的具体方式

1. 规范井控安全技术设计

井控安全技术要严格按照标准进行设计,使井控安全技术向着标准化、管理化的方向发展。在设备的安装上,要坚持高标准、严要求的原则,套管头、采油树及井口试压配套要实行专业化服务制度,消除设备安装上的安全隐患。

2. 强化井控人员的专业培训

教育和培训员工的安全井控知识是井控工作中的一件大事。通过培训、考核提高井控人员的安全意识;加强应急演练,通过实战演练,提高井控人员的井控意识。

3. 加强井控设备专项检查

定期对控井设备进行专项检查,对检查中发现的问题,要安排技术人员及时处理,从而保证井控设备的安全性。

4. 提高井控设备的动态控制能力

为了保证井控技术的安全性,首先,要不断改进节流阀结构,提高节流阀的强度、精确控制能力和抗冲蚀能力;其次,要开发新型的多级节流系统。新型多级节流系统不仅可以提高精确控制能力和抗冲蚀能力,而且还可以合理分配压降,从而改善节流阀件的工作条件。

5. 做好硫化氢的防护工作

针对不同地区的含硫的情况,在抗硫设备、工艺等方面采取相应的措施。在高含硫地区进行勘探时,要安装全天候遥控点火装置,避免人工点火,以防含硫气体遇火发生爆炸。在高含硫地区,应制定硫化氢防护和监测设备配备标准。

6. 强化水平井井控安全技术设计

水平井井控设计要比直井复杂,需要考虑的因素很多,主要包括以下几方面。

（1）水平井套管柱设计时,应确保套管下入深度尽可能接近水平井段。

（2）水平井段钻进不超过30 m时,应循环钻井液检查,确保有足够的液柱压力,设计中应清楚地写明"过平衡"压力值。

（3）水平井段易形成岩屑床,增加抽汲频率,因此井眼清洁措施必须能有效地减少岩屑床。

（4）起钻时,钻具离开水平井段前应循环泥浆,同时低速转动钻具。在钻头出水平井段前,要循环排出井内气体后,再继续起钻。

（5）钻井液只循环一周,水平井段高侧的气泡较难返出,要循环较长时间。

（6）下钻进入水平井段时要循环钻井液,注意井内是否有流体侵入。下到井底前,也要循环一周,控制下钻速度,使压力激动最小。下到井底后,循环钻井液最后阶段可通过阻流管汇。

（7）接单根和提动钻具时,应开着泵。如果有压差卡钻危险,应随时保持转动钻具,减少钻具静置时间。

（8）用油基或水基解卡液时,解卡液量要计算精确,减少负压危险。

（9）由于抽汲最易导致井涌,因此每一趟钻要尽可能得到最大进尺,以减少起下钻次数。

11.11　井控过程中的错误做法

在井控过程中要注意避免采用下列错误做法:

（1）发现井涌后不是立即关井,而是采取循环观察;

（2）发现井涌后将钻具提到套管鞋内;

（3）起下钻时发现井涌仍然企图完成起下钻;

（4）关井后长时间不进行压井作业;

（5）压井泥浆密度过大或过小;

（6）企图敞开井口,使泵入速度大于喷出速度。

第 12 章

弃井工艺和技术

弃井是指一口井完井工作结束后期所钻井眼、井口的最后一道处理工艺,它是完井工作的一部分,只有在得到作业者正式批准和明确通知后,承包商才能安排弃井工作。弃井作业分永久弃井和暂时弃井两种状态,承包商要遵守以下最低限度程序和技术要求。

12.1 弃井设计及弃井后呈报

1. 弃井设计

在拟选择的两种弃井方案设计中应详细说明原因和拟进行的工作方式及技术数据,具体包括以下内容。

(1)水泥塞:深度、长度、种类、水泥浆比重要求、泥浆性能、注水泥及顶替措施。

(2)水泥塞探测及试压要求。

(3)爆炸或切割方式及拔出套管的计划。

(4)井口遗留及处理要求。

(5)注明测试最后日期、产层特性及相关试井资料。

(6)弃井设计要经作业者认可批准。

2. 弃井后报告

作为完井报告(或井史)的一部分,应说明弃井方式、报废和填井完成的方法;实际水泥塞所用材料、数量、位置;套管遗留深度;所用泥浆体积及性能;水泥塞试压及探测效果;永久弃井鱼头处在泥线下位置;暂时弃井井口遗留设置情况及海上避碰措施。

12.2 永久报废

1. 裸眼井段油、气、水层隔离

为防止地层流体在井内运移和不同井段不同压力层油、气、水层互窜,在油、气、水层的上下各 30 m 处封水泥塞,水泥塞长度应不少于 45 m。当油、气、水层间隔太小时,水泥塞长度或变短分层隔离,或设置较长将油、气、水层一次性封堵,采用哪种方案视完井资料及作业者要求而定,短者一般应不小于 30 m,需使用专门配浆罐配置水泥和顶替法注入。

2. 套管鞋下裸眼隔离

在最深一层套管内打水泥塞,常规采用普通顶替法打水泥塞,有效长度至少封到套管鞋上下各 30 m(注:国内企业标准为 50 m),当使用水泥承留器时,其位置处在套管鞋以上 15～30 m 处,水泥塞在套管鞋下有效长度至少 30 m,在承留器以上有效长度至少 15 m。当发生过井漏使用永久性桥塞时,其位置放在套管鞋以上 45 m 内,桥塞下至少打 15 m 水泥塞。

3. 射孔井段填塞或隔离

顶替法打水泥塞,封住裸露的射孔部分上、下有效长度各 30 m。当射孔部分井段已与下部井眼隔开,也可采用水泥承留器或永久性桥塞,其安放位置和水泥塞上下长度与上面要求相同。

4. 填塞残留套管

(1)残留套管鱼头在外层套管内时,常规顶替法水泥塞在残留套管上下有效长度各 30 m。使用水泥承留器时,其位置在鱼顶以上 15 m 处,并盖以 15 m 水泥塞。

(2)残留套管在外层套管柱以下时,据实际井下结构采用裸眼井段油、气、水层隔离或套管鞋下裸眼隔离法打水泥塞。

5. 环空填塞

同裸眼连通且延伸到海底的环形空间应用挤水泥法封住。

6. 表层水泥塞

表层和隔水管间水泥塞具备 45 m 长则可视为合格。若暂时弃井作业另有特殊要求(隔水管起到导管架支撑作用或井口抗冰要求时),贴近海底处环空中应下小钻杆补上一段顶部水泥塞。

7. 泥线下表层套管内打一顶塞,因为永久弃井,水泥塞长度至少为 45 m。

8. 泥浆

各段水泥塞间井段应充满一定大比重泥浆,使其静压力超过该井段地层压力。悬空打水泥塞时,其下部泥浆要求具有一定高黏度值。

9. 水泥塞测试

为打水泥塞工艺连续作业和缩短完弃井作业时间,在确信水泥塞质量好且无大的下沉量前提下,靠下部的水泥塞可省略下钻探测程序,开泵试压最少到 7 MPa,15 min 内压耗不超过 10% 为合格,但应按盐水泥浆环境选取候凝时间,国内行业标准至少不小于 36 h(注:国内行业标准,13 –3/8″套管试压到 8 MPa,9 –5/8″套管试压到 12 MPa, 7″套管试压到 15 MPa 为合格)。若触探,至少施加到 6 800 kg 钻压为合格。套管内顶部水泥塞候凝结束后,除试压到 7 MPa 外,还要下钻施压 6 800 kg 触探。

10. 井位清理

所有套管、井口设备、桩柱等井口障碍物均要拆除到海底以下至少 5 m,井位四周所有障碍要清除,并得到作业者现场监督认可。

12.3　暂时弃井

暂时弃井意味保留井口,井眼应灌满泥浆和注水泥塞。暂时弃井的技术要求类同永久弃井,只是水泥塞或桥塞要打在最深套管柱套管鞋处。由于后期还需开采,裸眼段油、气、水层不一定要封隔,裸眼井段无须打长水泥塞,下部水泥塞无须封到套管鞋以下裸眼处,承包商也可打一个可回收的桥塞替代。表层套管下为裸眼油气层时,可只在表层内打一个水泥塞,有效长度至少为 45 m(注:国内企业标准为 150 m)。顶部水泥塞应处在泥线 5 ~ 60 m 范围内,有效长度至少 45 m。

第 13 章

页岩气开发的
降本增效

　　水平井钻井和大规模多级水力压裂两项技术的突破,使得开采藏于不透水的岩石中的碳氢化合物成为可能。2004年美国的天然气水平井比例不足10%,到2013年上半年该比例已经达到61%。

　　北美地区页岩气的成功开发也激发了中国页岩气开发的热情,一批页岩气资源战略调查项目和国家科技重大专项得以启动,页岩气示范区建设也如火如荼地开展起来。

　　由于页岩地层基质渗透率极低,必须经过大型体积压裂改造才能形成产能,而且对技术和场地要求很高,致使作业成本居高不下。我国页岩气储层和地面条件比北美地区更为复杂,因此开发的成本会更高。

13.1　　页岩气开发成本的影响因素

　　降低页岩气开发成本在美国页岩气开发中始终占据主导地位,而技术进步则是其有效开发的基础。在典型的页岩气开发成本构成中,钻井、完井和体积压裂改造费用大约占总成本的60%~85%,因而减少钻井、完井和压裂改造费用是降低页岩气开发成本的关键。

　　北美的页岩气开发技术经历了"直井-水平井-水平井组"的发展历程,最终形成了以丛式水平井组(PAD)、工厂化作业和水平井分段压裂为主体技术的页岩气开发模式。

　　北美地区降低页岩气开发成本的技术演化可归纳为技术和管理两个方面,划分为技术管理、工序管理、项目管理前后三个阶段,并呈现出综合化和精细化的特点,如表13-1所示。

　　中国的页岩地层埋深大、地质结构复杂,导致页岩气开发成本大大高于北美地区。导致中国页岩气开发成本远高于北美地区的另一个重要因素是水资源短缺问题。位于新疆沙漠的塔里木盆地拥有中国极具开发潜力的页岩气资源,但那里水资源严重短缺。而中国水资源较丰富的地区,往往人口也较多。管理咨询公司埃森哲在一份报告

表 13-1 北美地区降低页岩气开发成本的技术演化

阶段	类 型	管理特点	技 术
1	技术管理	单井提效	单井提高钻速、简化套管程序、简化井控等
2	工序管理	多井联合作业	丛式水平井组、多井联合工厂化作业
3	项目管理	资源配置，综合集成	多种资源的优化配置，钻井、压裂、采气、材料供应、道路、设备等综合集成优化

中指出："中国地面上的非技术因素是投资者面临的最大挑战。"

13.2 降低页岩气开发成本的措施

降低页岩气开发成本的主要途径是规模化生产，主要包括大型水平井组的工厂化作业；小井眼连续管钻井技术、优快钻井技术、无水环保压裂改造技术、资源化配置管理模式等，具体介绍如下。

13.2.1 大型水平井组的工厂化作业

自从美国 Barnett 页岩气成功开采以来，大型水平井组（PAD）的工厂化作业已成为页岩气开发的标准作业模式，而且平台井数、水平段长度、压裂级数都随时间而大幅度增加，实现了一个井场开发一个区块。从而减少了井场土地占用，降低了基础建设和运输方面的费，大大缩短了非作业时间。

加拿大 Encana 公司在水平井组钻井中还采用了双钻机作业，用小型、低成本钻机进行表层钻井、下套管和固井作业，深部井眼则采用大钻机作业。使用闭式钻井液循环系统，钻井液重复使用，降低了钻井液成本，减小了对环境的影响。

国内在鄂尔多斯盆地大牛地气田进行了一个井场钻 6 口水平井的工厂化作业实

践,自第一口井于 2011 年 10 月开钻,至第六口井于 2012 年 4 月完钻,整个井组历时半年,效果显著,达到了预期的目的。该井组地面井位布置选用排状正对井网,相邻同方向井的水平段之间距离为 500 m,以满足储层压裂改造裂缝延伸范围的要求;钻机采用气动滑轨推动进行整体搬迁;由 3 台钻机一起钻进,每台钻机实施 2 口井,共同完成 6 口水平井钻井工作。现场试验结果表明:该丛式井组平均机械钻速达 8.28 m/h,同比提高 12.8%;平均钻井周期为 47.7 d,同比缩短 8.79%;首次实现了集中打井、集中压裂、集中投产的集约化井工厂建设。

大井组平台也使集中压裂成为可能。Williams 公司曾在一个压裂场地完成多达 140 口井的压裂,压裂作业在钻进的同时进行,并将该模式延伸至气井生产,即在钻进、压裂的同时在同一平台上进行开采。

大型井组工厂化作业模式在海上钻井中已经得到广泛应用。20 世纪 90 年代初期,中国海油采用密集丛式井,每个平台布井 35 口,采用钻井、固井交叉作业、集中钻表层等配套技术,使钻井时效提高了 3 倍以上。

烟台杰瑞石油服务集团股份有限公司针对中国局促有限的作业施工环境,同时根据"满足适应各种压裂施工方案,满足全面的施工流程化要求,提高全集成控制能力"这三方面的要求,提出了"小井场大作业"的全套综合压裂施工的设备解决方案。

一口页岩气水平井的大型体积压裂大约需要 1 万立方米的用水量,压裂施工作业结束后有大量的液体返排至地面,这些液体具有高 $CODcr$ 值、高稳定性、高黏度等特点。若返排废液不经处理而直接排放,将会带来严重的环境污染,影响油气田开发的正常生产。国内的压裂作业一直采用异地处理返排液方式,短期来看是符合环保的理念的。但从长远考虑,这种处理方式增加了压裂废液异地运输的成本,对大规模压裂作业的大量返排液处理难度较大。

现在的配液都倾向于作业现场预混配或是工厂化的前期混配模式混配。但预混配和前期混配难以适应施工计划的调整,需要留出一定的混配余量,这可能导致浪费和环境污染,也提高了运输和存储成本。

大规模的集群作业是比较贴近现代化压裂的施工理念,虽然大规模的集群作业在北美已经成功开展了很多年,但是中国的开发环境与美国不同,所以大规模集群作业并不适合中国有限井场的设备布局和油气开发。

"小井场大作业"包括六方面的理念：柔性供砂系统、在线式流体管理、高功率密度泵送系统、双燃料能源管理系统、施工后期井下废水管理系统、全集成自动化系统。

13.2.2　小井眼连续管钻井技术

连续油管于 1945 年在北海油田用于输油管线,1962 年出现了第一套连续油管油田服务设备,并用于美国加利福尼亚油田进行洗井作业。随着连续油管设备在油气田上的应用范围持续扩大,近年来,连续油管钻井技术和连续油管压裂技术成为发展最快的两项技术。

连续油管钻井(CTD)研究始于 20 世纪 60 年代。在 70 年代中期,利用连续油管进行了钻井作业。从 90 年代初开始,连续油管钻井技术进入了发展和应用时期。1991 年,在巴黎盆地成功地进行了连续油管钻井先导性试验,同年在德克萨斯利用连续油管进行了 3 井次的重钻井作业。此后连续油管钻井技术迅速发展,至 1997 年,共完成了 4 000 个连续油管钻井项目。

连续油管钻井在 Colorado 东部 Niobrara 白垩系地层等页岩油和页岩气开发中获得了很好的应用。ADT 公司在 Niobrara 用连续油管钻机钻进,完成了一口 1 000 m 深的井,只用时 19 h,使钻井成本降低了约 30%。2002 年美国能源部要求在石油工业中引入微井眼技术。在当年 4 月举行的专题讨论会上确定了微井眼技术所必须具备的 5 项关键技术,即井下钻井系统、井下测井系统、完井设备、固相控制和连续油管装置。美国能源部从 2004 年起大力支持微井眼钻井(microhole drilling)技术研究,井眼直径小于 88.9 mm,可以大幅度减少场地占用、材料消耗,提高钻井效率,降低钻井完井成本约 50%。美国 eCORP 公司开发了用于页岩气开发的微井眼钻井技术,以及与其配套的页岩气资源快速评价、地层测试、现场岩心分析及气体压裂等技术。

近年来,小井眼钻井技术已经得到大家的青睐,并在国内多个油田获得应用,在常规油气开发中取得了较好的效益。以小井眼、连续油管和微小井眼钻井组成的"小井眼钻井技术系列"在降低页岩气开发成本方面潜力巨大。

目前世界上生产连续油管的专业公司主要有三家:美国精密油管技术公司、优质管材公司、西南管材公司。中国也有多家公司具备不同规格连续管生产能力,如中国石油宝鸡钢管厂、东营科瑞、胜利高原、烟台杰瑞等。

13.2.3　优快钻井技术

优快钻井技术以优质为基础,以优质为根本出发点,在优质上下功夫,从而使原本不同单项技术的组合发挥出更大的潜能,钻完井时效比原来的单项技术提高 3 ~ 5 倍,使原本难以开发的油气层得到经济开发,达到提高钻井工程质量、缩短建井周期、降低钻井成本的目的。

13.2.4　无水环保压裂改造技术

无水压裂是指用氮气泡沫、二氧化碳和液化石油气等代替水所进行的压裂。

加拿大 GASFRAC 公司 2008 年发明了液化石油气(交联丙烷)压裂技术,获得世界页岩气技术发明奖。2012 年,美国 eCORP 公司旗下的 eCORP 压裂公司,发展了纯液态丙烷压裂技术,用纯液态丙烷和低密度支撑剂对 EagleFord 页岩气储层进行了压裂改造,取得了成功。施工中未使用任何种类的化学品或添加剂。由于丙烷来自于石油和天然气储层,因此对油气层的伤害得以大大减小,且无须用水或处理废水,是一种绿色环保型页岩储层改造技术。

13.2.5　资源优化配置管理模式

加拿大 Encana 公司结合丛式水平井平台(PAD)的施工特点,以降低生产成本和减小环境污染为目标,建立了一种资源配置管理模式。该公司将钻井、完井、压裂、天然气生产、材料供应、作业模式等通盘考虑,整体优化,改变了加拿大北部寒冷冬季不施工的传统,变为常年 24 h 作业。该公司还尝试将钻井和压裂作业时的动力交叉使用,以及将天然气作为钻机动力,大幅度降低了作业成本。

13.3　　页岩气开发成本的新认识

在经历了一段时间的快速增长后,自 2012 年年初开始,页岩气产量已经维持在了一个较为稳定的水平。2000 年美国页岩气产量占美国天然气总产量的 2%,到 2012 年该比例已经上升到了近 40%,而同期美国的天然气总产量增长了 25%。

在全球范围内,虽然很多国家都建立了页岩气示范工程,但页岩气产量中的大部分仍然来自于北美洲。

页岩气田的产量最初先上升,然后开始下降。自 2010 年以来,美国五个最大页岩气田中有四个页岩气田的平均产量一直在下降。2012 年,Haynesville 气田的平均产量几乎比 2010 年减少了 1/3。

美国五大页岩气田中的气井,在开采 3 年后产量下降了 80%~95%。美国地质调查局对页岩气井评估的结果认为,页岩气井的可采量有时甚至不足预计可采量的一半。

为了维持产量供应,要求不断钻探新的气井。在 Haynesville,每年需要新建大约800 口气井来维持 2012 年的产量水平。新建气井的数量大约是 2012 年在役气井数量的 1/3。而每口井的投资费用约为 900 万美元,为保持产量基本持平,每年新增气井的钻井费用需要花费约 70 亿美元。

在全美,为了维持页岩气产量,每年需要新建大约 7 200 口气井,至少需要花费420 亿美元。2012 年美国页岩气的产值只有 330 亿美元。如果天然气价格维持目前的水平,是不足以支撑页岩气的开采的。而随着最好的页岩气田及其"甜点"被钻探完毕,维持产量的成本还将继续上升。

高产量的页岩气田是稀少的。在美国,页岩气总产量中的 88% 来自于 30 块页岩气田中的 6 块页岩气田;致密油总产量的 81% 来自于 21 块致密油田中的 2 块致密油田。而且许多生产出来的油或气来自页岩油田或页岩气田内相对面积很小的"甜点"内。因此,随着"甜点"内油/气井数量的饱和,产量将开始下降,为了维持产量将需要更多的油/气井数量。

目前中国对页岩气开发的讨论最为热烈。一方面是非石油企业和民间资本,如电力企业、房地产企业等,以页岩气勘探开发为契机,成为争取进入石油天然气上游领域的不二选择;另一方面是石油企业既放不下常规油气的美味,又不愿意放弃以页岩气为代表的非常规油气的野味。但由于我国还没有实现在页岩气开发关键技术上的突破,导致我国页岩气开发成本居高不下,如钻一口深 3 000 m 的页岩气水平井,光是钻井及水力压裂的投入就高达 1 亿人民币,在塔里木地区钻一口水平井并进行水力压裂,其成本将高达 2.5 亿人民币,是美国的 3 倍左右。

在同样产量的情况下,页岩气井田面积大约是常规天然气井田面积的十几倍,钻井数量则达到常规天然气的 100 多倍。页岩气开发中采用的大型水力压裂将产生大量的水耗,并由此产生严重的环境污染,有可能成为中国页岩气开发的"瓶颈"。有专家称页岩气革命"看起来很美",但应适度刹车。2015 年两会期间,国家发改委和国土资源部表示支持"中国页岩气第一省"四川设立国家页岩气综合开发改革试验区,探索先导试验、综合开发途径,推动页岩气资源产业的良性发展。

参考文献

［ 1 ］ David H J. 美国页岩气成本被低估. 能源评论,2013(5)：91－94.

［ 2 ］ 蒲泊伶,包书景,王毅,等. 页岩气成藏条件分析——以美国页岩气盆地为例. 石油地质与工程,2008,23(3)：33－36.

［ 3 ］ Zhao H,Givens N B,Curtis B . Thermal maturity of the Barnett Shale determined from well-log analysis. AAPG Bulletin ,2007,91(4)：535－549.

［ 4 ］ Jarvie D M,Hill R J,Ruble T E,et al. Unconventional shale-gas systems：the Mississippian Barnett Shale of north-central Texas as one model for thermogenic shale-gas assessment. AAPG Bulletin,2007,91(4)：475－499.

［ 5 ］ Hill R J,Zhang E,Katz B J ,et al . Modeling of gas generation from the Barnett Shale,Fort Worth Basin,Texas. AAPG Bulletin,2007,9(4)：501－521.

［ 6 ］ 崔思华,班凡生,袁光杰,等. 页岩气钻完井技术现状及难点分析. 钻井工程, 2011,31(4)：1－4.

［ 7 ］ Janwadkar S,Morris S,Thomas M,et al. Barnett Shale drilling and geological complexities-advanced technologies provide the solution ∥ MS presented at the IADC/SPE Drilling Conference,4－6 March 2008,Orlando,Florida,USA. New York：IADCL SPE Drilling Conference,2008.

［ 8 ］Peng C,Feng W,Yan X,et al. Offshore benign water-based drilling fluid can prevent hard Brittle Shale hydration and maintain borehole stability ∥ MS presented at the IADC/SPE Asia Pacific Drilling Technology Conference and Exhibition ,25 – 27 August 2008,Jakarta,Indonesia. New York：IADCL SPE Drilling Conference,2008.

［ 9 ］中石化第一口页岩气水平井完钻. 资源与人居环境,2011(8)：7.

［10］张武辇,张天祥.一口大位移井开发一个油田：创造多项世界纪录的中国南海西江 24 - 3 - A14 大位移井钻井新技术. 中国海上油气（工程）,2003,10(3)：9 - 14.

［11］周兴友. 大位移井关键技术研究进展. 石油工业技术监督,1998,19(8)：4 - 7.

［12］沈伟,谭树人. 大位移井钻井作业的关键技术. 石油钻采工艺,2000,22(6)：21 - 27.

［13］李相方,隋秀香,刘举涛,等. 大位移井井眼清洁监测技术. 石油钻采工艺,2001,23(5)：1 - 4.

［14］张洪泉,任中启,董明健. 大斜度大位移井岩屑床的解决方法. 石油钻探技术,1999,27(3)：6 - 8.

［15］王金磊,伍贤柱. 页岩气钻完井工程技术现状. 钻采工艺,2012,35(5)：7 - 10.

［16］汪海阁,王灵碧,纪国栋,等. 国内外钻完井技术新进展. 石油钻采工艺,2013,35(5)：1 - 12.

［17］杨虎. 欠平衡钻井井底负压差的确定因素与控制方法研究. 天然气工业,2001,21(4)：60 - 62.

［18］杨虎,胡小房. 欠平衡泥浆钻井井口回压控制技术. 新疆石油科技,1999;9(3)：15 - 20.

［19］黄兵,石晓兵,李枝林,等. 控压钻井技术研究与应用新进展. 钻采工艺,2010,33(5)：1 - 5.

［20］汪海阁. 国际先进的三项控压钻井系统. 石油与装备,2013,35(5)：1 - 12.

［21］王希勇,蒋祖军,朱礼平,等. 微流量控制式控压钻井系统及应用. 钻采工艺,2013,36(1)：105 - 106.

［22］胡晓明.渤海 SZ36－1 油田二期工程总体布置的优化.中国造船.2003,44(s1)：271－275.

［23］徐俊,高迅,陈文征,等.钻机步进式移运装置的研制与应用.石油机械,2015,43(8)：37－40.

［24］陈海力,王琳,周峰,等.四川盆地威远地区页岩气水平井优快钻井技术.钻井工程,2014,34(12)：1－6.

［25］聂靖霜,雷宗明,王华平,等.威远构造页岩气水平井钻井井身结构优化探讨.重庆科技学院学报：自然科学版,2013,15(2)：97－100.

［26］周文军,欧阳勇,黄占盈,等.苏里格气田水平井快速钻井技术.天然气工业,2013,33(8)：77－82.

［27］王华平,张铎,张德军,等.威远构造页岩气钻井技术探讨.钻采工艺,2012,35(2)：9－11.

［28］刘伟,伍贤柱,韩烈祥,等.水平井钻井技术在四川长宁-威远页岩气井的应用.钻采工艺,2013,36(1)：114－115.

［29］张振欣,周英操,项德贵,等.随钻测井技术在页岩气钻井中的应用.钻采工艺,2012,35(4)：4－6.

［30］刘洪,刘庆,陈乔,等.页岩气水平井井壁稳定影响因素与技术对策.科学技术与工程,2013,13(32)：9598－9603.

［31］任铭,汪海阁,邹灵战,等.页岩气钻井井壁失稳机理试验与理论模型探索.科学技术与工程,2013,13(22)：47－52.

［32］汪传磊,李皋,等.川南硬脆性页岩井壁失稳机理实验研究.科学技术与工程,2012,12(30)：1671－1815.

［33］蔚宝华,邓金根,闫伟.层理性泥页岩地层井壁坍塌控制方法研究.石油钻探技术,2010,38(1)：56－58.

［34］王倩,周英操,唐玉林,等.泥页岩井壁稳定影响因素分析.岩石力学与工程学报,2012,31(1)：171－179.

［35］李玉光,崔应中,王荐,等.沁水盆地页岩气地层页岩特征分析及钻井液对策.石油天然气学报,2013,35(12)：105－111.

［36］黄范勇,江波,戴成林.地层物性对井壁稳定的影响.科技创新导报,2013,25:
30－32,35.

［37］卢占国,李强,李建兵,等.页岩储层伤害机理研究进展.断块油气田,2012,
19(5):629－633.

［38］Lakatos I, Bodi T, Lakatos-Szabo J, et al. Mitigation of formation damage
caused by water-based drilling fluids in unconventional gas reservoirs. SPE
127999, 2010.

［39］Bottero S, Picioreanu C, Enzien M, et al. Formation damage and impact on gas
flow caused by biofilms growing within proppant packing used in hydraulic
fracturing. SPE 128066, 2010.

［40］Van der Zwaag C H. Benchmarking the formation famage of drilling fluids. SPE
86544, 2004.

［41］Ding Y, Renard G, Herzhaft B. Quantification of uncertainties fo drillinginduced
formation damage. SPE 100959, 2006.

［42］顾军,张光华,王东国,等.非渗透性低失水水泥浆保护储层的机理研究.天然气
工业,2006,26(10):77－79.

［43］顾军.保护油气层水泥浆的研究与实践.石油钻采工艺,2000,22(6):7－10.

［44］路志平,李作会,彭志刚,等.非渗透隔离液的研制及评价.钻井液与完井液,
2012,29(5):58－60.

［45］王清江,毛建华,曾明昌,等.定向井井眼轨迹预测与控制技术.钻采工艺,2008,
31(4):150－152.

［46］上海地学仪器研究所技术部.光纤陀螺测斜仪的研制及应用.地质装备,2012,
13(6):20－23.

［47］吕伟,李玮燕,张龙,等.基于光纤陀螺仪的油井测绘系统.测井技术,2011,
35(6):581－584.

［48］汪钢,刘广锁.组合式井斜方位多功能测井仪.石油仪器,2006,20(4):28－30.

［49］韩志勇.定向钻井设计与计算.东营:中国石油大学出版社,2009:53－86.

［50］苏义脑,周煜辉.定向井井眼轨道预测方法研究及其应用.石油学报,1991,

12(3)：110－114.

［51］肖欢欢. 页岩气开采之忧. 广州日报,2015－04－03(A8).

［52］苏义脑. 极限曲率法及其应用. 石油学报,1997,18(3)：110－114.

［53］马哲,杨锦舟,赵金海. 无线随钻测量技术的应用现状与发展趋势. 石油钻探技术,2007,35(6)：59－62.

［54］张涛,鄢泰宁,卢春华. 无线随钻测量系统的工作原理与应用现状. 西部探矿工程,2005,17(2)：126－128.

［55］刘修善,侯绪田,涂玉林,等. 电磁随钻测量技术现状及发展趋势. 石油钻探技术,2006,34(5)：4－9.

［56］张辛耘,王敬农,郭彦军. 随钻测井技术进展和发展趋势. 测井技术,2006,30(1)：10－15.

［57］王敏生,光新军. 定向钻井技术新进展及发展趋势. 石油机械,2015,43(7)：12－17.

［58］马振锋,于小龙,闫志远,等. 延页平 3 井钻完井技术. 石油钻采工艺,2014,36(3)：23－26.

［59］张文波,戎克生,李建国,等. 油基钻井液研究及现场应用. 石油天然气学报,2010,32(3)：303－305.

［60］耿娇娇,鄢捷年,邓田青,等. 低渗透凝析气藏储层损害特征及钻井液保护技术. 石油学报,2011,32(5)：893－898.

［61］刘华洁,高文金,涂辉,等. 一种能有效提高机械钻速的水力振荡器. 石油机械,2013,41(7)：46－48.

［62］王先洲,蒋明,邓增库,等. 苏 76－1－20H 井钻井技术. 石油钻采工艺,2013,35(2)：26－30.

［63］余志清. 降摩阻短节在定向钻井机水平井钻井中的应用. 钻采工艺研究,1999,22(1)：66－67.

［64］余志清. 水平井降摩阻短节的现场试验结果. 钻采工艺,1997,21(4)：7－9.

［65］沈文青,毛国扬. 页岩气水平井固井技术难点分析与对策. 内蒙古石油化工,2012, 15：117－118.

［66］陶谦,丁士东,刘伟,等.页岩气井固井水泥浆体系研究.石油机械,2011,39(增刊):17-19.

［67］Diggins E. A proposed multi-lateral well classificstion matrix. World Oil, 1997 (11): 107.

［68］王敏生,光新军,赵阳,等.6级分支井系统及国内研究进展.石油机械,2015,43(3):21-25.

［69］安克,王敏生.胜利油田分支井钻井技术现状及展望.石油钻探技术,2003,31(6):7-9.

［70］王敏生,王智锋,韩来聚,等.预开窗分支井完井装置.中国:200510042070.4,2007-02014.

［71］杨道平,宋朝晖,李晓军,等.新疆 DC024 分支井钻井完井技术.钻采工艺,2007,30(5):7-10.

［72］陈若铭,李晓军,宁世品,等.新疆油田 TAML 4 级分支井钻完井技术.新疆石油天然气,2011,7(1):31-33.

［73］王新,宋朝晖,李晓军,等.新疆油田 LUHW301z 双分支水平井钻井技术.石油钻探技术,2009,37(5):118-120.

［74］孟浩,汪益宁,滕蔓.页岩气多分支水平井增产机理.油气田地面工程,2012,31(12):13-15.

［75］徐优富.国外水平井井控技术.石油钻探技术,1998,26(1):55-57.

［76］葛洪魁,王小琼,张义.大幅度降低页岩气开发成本的技术途径.石油钻探技术,2013,41(6):1-5.

［77］中国页岩气开发遇成本障碍.石油化工应用,2014,33(7):126-127.

［78］赵文彬.大牛地气田 DP43 水平井组的井工厂钻井实践.天然气工业,2013,33(6):60-65.

［79］Canadian Society for Unconventional Resources. Unconventional resources technology creating opportunities and challenges. Alberta Government Workshop, May 28, 2012.

［80］Jiang W. Technique for close cluster well head concentrated high quality and high speed drilling and cementing surface interval in SZ36 – 1D of Liaodong Bay. SPE 62776, 2000.

[81] John M D. Energy Industry Research. Simmons & Company International, May 20, 2011.

[82] 高贵生译. 美国能源部的"微井眼"专题讨论会. 国外石油动态,2004,1: 18 – 20.